突发环境事件
应急响应实用技术

叶　脉　解光武　张佳琳　莫家乐
张路路　林亲铁　王　思　等／著

中国环境出版集团·北京

图书在版编目（CIP）数据

突发环境事件应急响应实用技术 / 叶脉等著 . —北京：
中国环境出版集团，2021.7（2024.7 重印）
　ISBN 978-7-5111-4799-8

　Ⅰ.①突⋯　Ⅱ.①叶⋯　Ⅲ.①环境污染事故—应急
对策　Ⅳ.① X507

　中国版本图书馆 CIP 数据核字（2021）第 146522 号

责任编辑　宋慧敏
文字编辑　马丁冉
封面设计　宋　瑞

出版发行　中国环境出版集团
　　　　　（100062　北京市东城区广渠门内大街 16 号）
　　　　　网　　　址：http://www.cesp.com.cn
　　　　　电子邮箱：bjgl@cesp.com.cn
　　　　　联系电话：010-67112765（编辑管理部）
　　　　　发行热线：010-67125803，010-67113405（传真）
印　　刷　北京中科印刷有限公司
经　　销　各地新华书店
版　　次　2021 年 7 月第 1 版
印　　次　2024 年 7 月第 3 次印刷
开　　本　787×960　1/16
印　　张　15.75
字　　数　242 千字
定　　价　65.00 元

中国环境出版集团郑重承诺：
中国环境出版集团合作的印刷单位、材料单位均具有中国环境标志产品认证。

《突发环境事件应急响应实用技术》
编 著 组

组　长：叶　脉

成　员：解光武　　张佳琳　　莫家乐　　张路路

　　　　林亲铁　　王　思　　杨　戈　　吴　剑

　　　　蔡慧华　　何俊杰　　颜如剑　　柳　钢

　　　　王焕香　　张金炜　　刘双双　　张景茹

环境应急管理是现代环境治理体系的重要组成部分，事关生态环境安全和社会大局稳定。长期以来，区域经济高速发展所累积形成的各类次生环境风险与区域发展不均衡问题分异交织，各地突发环境事件仍然呈现高发、频发态势，特别是由安全生产、交通事故等引发的各类次生突发环境事件给保障区域生态环境安全带来严峻挑战，各级环境应急管理部门对环境应急管理体系的完善以及对科学高效应急响应支撑技术的需求与日俱增。

"十三五"以来，各级生态环境部门坚持以习近平生态文明思想为指导，认真落实党中央、国务院决策部署，把生态文明建设作为新时代改革发展的重大政治任务和重大民生任务抓紧抓实，圆满完成污染防治攻坚战阶段性目标任务，厚植了全面建成小康社会的绿色底色和质量成色。但同时，突发环境事件高发、频发，导致生态环境质量改善的成效尚不稳固，与人民群众的期待和美丽中国建设目标的要求还有一定差距。"十四五"时期，我国将进入生态环境质量全面改善的窗口期与环境治理体系现代化建设的关键期，经济将持续向高质量发展推进转型，环境应急管理亟须从末端管理为主的被动式应急管理模式加速转向以源头风险防控为主的全过程应急管理模式。对突发环境事件开展系统性研究、推动新型"一案三制"体系建设、不断总结各类突发环境事件的经验教训、融合应用大数据等新领域新技术、实施环境应急能力优化配置、强化环境应急技术支撑，对于加快推进环境应急能力现代化建设具有重要意义。

本书从突发环境事件概述、环境应急管理体系、突发环境事件应急预案、应急响应、信息报告、应急监测、应急处置、应急演练、案例分析等方面，对突发环境事件的应急响应做了全面介绍，并在部分章节围绕环境应急管理体系建设的广东实践开展了详细分析。通过系统梳理现行国内相关法律法规，结合突发环境事件应急实践工作提炼出信息报告、应急监测、应急处置、应急演练等方面的工作要点，并提供了技术参考，旨在服务环境应急工作之需。

在本书编写过程中，著者广泛收集了环境应急领域相关资料，整理归纳了过往应急处置经验，可供环境应急管理人员、环境应急专业技术人员及其他相关人员借鉴和参考。在本书出版过程中，广东省环境科学研究院、广东省生态环境监测中心、广东环境保护工程职业学院、广东工业大学等单位的领导与学者给予了大力支持和指导，在此表示衷心的感谢。本书还得到国家自然科学基金项目"珠江三角洲农田土壤重金属地球化学累积预测预警研究"（41802251）以及广东省环保专项"粤港澳生态环境科学中心建设（2021—2022年）"（粤财资环〔2021〕13号）的资助，再次谨致以诚挚的谢意。由于时间仓促，本书不足之处在所难免，敬请广大读者批评指正。

著者

2021 年 5 月

目　录

第 *1* 章

突发环境事件概述

1.1 突发环境事件的定义、分类及分级

1.1.1 突发环境事件的定义

"十三五"以来，各级生态环境部门坚持以习近平生态文明思想为指导，认真落实党中央、国务院决策部署，把生态文明建设作为新时代改革发展的重大政治任务和重大民生任务抓紧抓实，圆满完成污染防治攻坚战阶段性目标任务，生态环境质量明显改善，人民群众生态环境获得感显著增强。但同时，随着我国进入新发展阶段，各类生态环境风险呈现出新特征，突发环境事件时有发生，突发环境事件带来的污染问题成为当前公众和媒体关注的焦点。

突发环境事件是突发事件中的一类，以环境质量突然快速下降为主要特征。按照《国家突发环境事件应急预案》及《突发环境事件应急管理办法》的规定，突发环境事件是指由于污染物排放或自然灾害、生产安全事故等因素，导致污染物或放射性物质等有毒有害物质进入大气、水体、土壤等环境介质，突然造成或可能造成环境质量下降，危及公众身体健康和财产安全，或造成生态环境破坏，或造成重大社会影响，需要采取紧急措施予以应对的事件。

总体来讲，突发环境事件具有突发性、不可预见性、破坏性等特征。首先，突发性是指绝大多数突发环境事件都是在人们缺乏充分准备的情况下发生的，事件的发生往往超出社会资源的预期准备或管理机构的预想措施；虽然有些突发环境事件存在发生前兆和预警的可能，但由于真实发生的时间和地点难以准确预见，事件同样具有突发性。其次，不可预见性是指事件发生的状态与事态的变化不可预见，事件发生的时间、地点、形式与规模均无法提前预知，事态的发展也会随着许多不确定的因素随时发生变化，同样无法预知。最后，破坏性是指事件会给公众生命、财产以及环境带来损失和不良影响。在日常管理中，各级生态环境部门经常遇到突然发现的固体废物倾倒事件，这类事件满足突发性、不可预见性、破坏性等特征，亦属于突发环境事件的范畴。

1.1.2 突发环境事件的分类

1.1.2.1 以环境要素分类

按照环境要素，突发环境事件可分为突发大气环境事件、突发水环境事件、突发土壤环境事件等突发性环境污染事件和辐射污染事件。

①突发大气环境事件：指涉及大气环境污染的突发环境事件，如2015年"8·12"天津港爆炸事件中短暂出现过甲苯、二甲苯、挥发性有机物和氰化氢超标的情况。

②突发水环境事件：指涉及水环境污染的突发环境事件，如2005年松花江硝基苯污染事件、2012年广西龙江镉污染超标事件。

③突发土壤环境事件：指涉及土壤污染的突发环境事件，如2020年浙江省台州市三家企业跨区域倾倒危险废物涉嫌污染环境案。

④辐射污染事件：指涉及辐射与放射源管理不当而产生辐射污染的突发环境事件，如1986年切尔诺贝利事故、2013年日本福岛核泄漏事件。

1.1.2.2 以事件起因分类

按照事件起因，突发环境事件可大致分为安全生产事故次生突发环境事件、交通事故次生突发环境事件、非法偷排引发的突发环境事件及自然灾害次生突发环境事件等类型。

①安全生产事故次生突发环境事件：企业发生火灾、爆炸、泄漏等安全生产事故时，容易产生大量浓烟及消防水，浓烟造成周边环境空气质量迅速下降，消防水与泄漏污染物混合形成的废水易超出厂界范围造成周边水环境污染。如 2015 年 "8·12" 天津市滨海新区天津港瑞海公司危险品仓库火灾爆炸事故、2019 年 "3·21" 江苏省天嘉宜化工有限公司爆炸事故均引发了次生的环境污染。

②交通事故次生突发环境事件：交通运输具有物料密集、设施流动等特点。若运输货物为危险化学品，一旦发生事故，除造成现场人员伤亡外，极易导致危险化学品泄漏，对周边的大气环境、水环境、土壤环境造成次生污染，甚至会引发更大范围的流域性突发环境事件。如 2017 年山西新绛粗苯罐车侧翻导致粗苯泄漏，造成汾河部分水体污染。

③非法偷排引发的突发环境事件：指部分企业事业单位缺乏环保意识、漠视环保法律法规、肆意违法排污引发的突发环境事件。如 2014 年湖北恩施建始县磺厂坪矿业有限责任公司偷排废浆水导致重庆市巫山县千丈岩水库污染事件。

④自然灾害次生突发环境事件：指暴雨洪涝、泥石流等自然灾害引发的次生突发环境事件。如贵州遵义桐梓中石化西南成品油管道柴油泄漏事故，造成事故的直接原因是山体滑坡导致输油管道受到挤压，并发生位移变形和局部损伤，致使柴油泄漏，进而造成跨省界环境污染。

1.1.3　突发环境事件的分级

依据 2014 年国务院办公厅印发的《国家突发环境事件应急预案》（国办函〔2014〕119 号），突发环境事件分为特别重大、重大、较大和一般四个等级，具体分级标准如下。

1.1.3.1　特别重大突发环境事件

凡符合下列情形之一的，为特别重大突发环境事件：

①因环境污染直接导致 30 人以上死亡或 100 人以上中毒或重伤的；

②因环境污染疏散、转移人员 5 万人以上的；

③因环境污染造成直接经济损失 1 亿元以上的；

④因环境污染造成区域生态功能丧失或该区域国家重点保护物种灭绝的；

⑤因环境污染造成设区的市级以上城市集中式饮用水水源地取水中断的；

⑥Ⅰ、Ⅱ类放射源丢失、被盗、失控并造成大范围严重辐射污染后果的；放射性同位素和射线装置失控导致 3 人以上急性死亡的；放射性物质泄漏，造成大范围辐射污染后果的；

⑦造成重大跨国境影响的境内突发环境事件。

1.1.3.2　重大突发环境事件

凡符合下列情形之一的，为重大突发环境事件：

①因环境污染直接导致 10 人以上 30 人以下死亡或 50 人以上 100 人以下中毒或重伤的；

②因环境污染疏散、转移人员 1 万人以上 5 万人以下的；

③因环境污染造成直接经济损失 2 000 万元以上 1 亿元以下的；

④因环境污染造成区域生态功能部分丧失或该区域国家重点保护野生动植物种群大批死亡的；

⑤因环境污染造成县级城市集中式饮用水水源地取水中断的；

⑥Ⅰ、Ⅱ类放射源丢失、被盗的；放射性同位素和射线装置失控导致 3 人以下急性死亡或者 10 人以上急性重度放射病、局部器官残疾的；放射性物质泄漏，造成较大范围辐射污染后果的；

⑦造成跨省级行政区域影响的突发环境事件。

1.1.3.3　较大突发环境事件

凡符合下列情形之一的，为较大突发环境事件：

①因环境污染直接导致 3 人以上 10 人以下死亡或 10 人以上 50 人以下中

毒或重伤的；

②因环境污染疏散、转移人员 5 000 人以上 1 万人以下的；

③因环境污染造成直接经济损失 500 万元以上 2 000 万元以下的；

④因环境污染造成国家重点保护的动植物物种受到破坏的；

⑤因环境污染造成乡镇集中式饮用水水源地取水中断的；

⑥Ⅲ类放射源丢失、被盗的；放射性同位素和射线装置失控导致 10 人以下急性重度放射病、局部器官残疾的；放射性物质泄漏，造成小范围辐射污染后果的；

⑦造成跨设区的市级行政区域影响的突发环境事件。

1.1.3.4　一般突发环境事件

凡符合下列情形之一的，为一般突发环境事件：

①因环境污染直接导致 3 人以下死亡或 10 人以下中毒或重伤的；

②因环境污染疏散、转移人员 5 000 人以下的；

③因环境污染造成直接经济损失 500 万元以下的；

④因环境污染造成跨县级行政区域纠纷，引起一般性群体影响的；

⑤Ⅳ、Ⅴ类放射源丢失、被盗的；放射性同位素和射线装置失控导致人员受到超过年剂量限值的照射的；放射性物质泄漏，造成厂区内或设施内局部辐射污染后果的；铀矿冶、伴生矿超标排放，造成环境辐射污染后果的；

⑥对环境造成一定影响，尚未达到较大突发环境事件级别的。

上述分级标准有关数量的表述中，"以上"含本数，"以下"不含本数。

1.2　国内突发环境事件统计情况

近年来，全国突发环境事件数量保持平稳。"十三五"时期，全国突发环境事件每年约 250 起，较"十二五"时期下降了 42%。由于我国正处于经济转型的关键时期，环境事件多发、频发的高风险态势仍没有从根本上得到改变，环境安全形势依然复杂且严峻。

从事件起因来看，2011—2020 年，全国各类突发环境事件的起因占比大致稳定，安全生产事故和交通事故在各类突发环境事件起因中稳居前两名，但"十三五"时期占比（合计72.30%）较"十二五"时期占比（合计67.20%）有所提高（如图1-1所示）。"十三五"时期，非法偷排所致突发环境事件仅占总量的9.9%，占比相对较小，仅高于自然灾害所致突发环境事件占比（6.3%）。

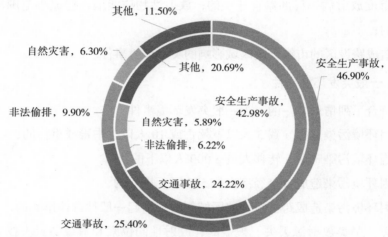

注：内圈为"十二五"时期情况，外圈为"十三五"时期情况。
数据来源：2011—2020 年《中国环境状况公报》。

图1-1　国内突发环境事件起因占比情况

1.3　突发环境事件引发的影响

突发环境事件容易造成局部环境质量的迅速恶化或引发累积性污染，在应急措施不力的情况下可能造成事件升级，甚至引发社会群体性事件。

1.3.1　环境影响

突发环境事件发生后，污染物将通过水、大气、土壤等环境介质直接或间接地对周围环境产生影响，造成遗传多样性的丧失、物种多样性的丧失、生态多样性的丧失，降低生态系统的复杂性（陈若愚等，2012）。

1.3.1.1　突发大气环境事件的影响

突发大气环境事件具有瞬时危害大、源头控制难度大、污染物扩散受气候因素影响大等特点。涉及二氧化硫、氟化物等污染物的突发环境事件容易对植物造成急性危害，使植物叶表面产生伤斑、直接使植物叶枯萎脱落或使植物叶片褪绿，影响植物的生理机能与果实产量。如 2015 年"6·5"广西玉林福绵区玉铁高速氢氟酸运输车辆侧翻泄漏事故，造成了松木、速生桉、单竹、杉木、荔枝树等多种植物受损，林业财产损失达数十万元。

1.3.1.2　突发水环境事件的影响

突发水环境事件具有污染物类型复杂、影响范围广、敏感性高、时空分布差异性大等特点。突发水环境事件发生后，首先，水体中急剧增加的污染物将破坏原有水体环境的动态平衡关系，大量的有机物及营养盐会直接或间接地导致生物缺氧而窒息死亡，进而致使细菌和病毒的大量繁殖。其次，被污染的水体由于达不到工业生产或农业灌溉的要求，使相关设施取水暂停，导致减产。以 2020 年贵州遵义桐梓中石化西南成品油管道柴油泄漏事故为例，事故共造成事故点下游 119 km 河道污染，相关饮用水水源地也因水质超标而中断取水 19 h。最后，受污染水体通过饮用水或食物链的途径，致使污染物进入人体并造成急性或慢性中毒，被寄生虫、病毒或其他致病菌污染的水体也易引发多种传染病。

1.3.1.3　突发土壤环境事件的影响

突发土壤环境事件具有长期影响的特点，一般通过大气污染物沉降、水污染物的渗入以及固体废物中的污染物渗出并进入土壤等途径造成长期影响，具体可分为有机物污染、重金属污染、放射性元素污染及病原微生物污染等类型。例如含铜、镍、钴、锰、锌、砷等重金属（类金属）的废水污染的农田中，易引发植物生长发育障碍，导致一些植物器官的外部形态发生变化，如花色改变、叶形改变或植株发生个体变态，变得矮小或硕大。

1.3.2 社会影响

突发环境事件除造成环境影响外，对公众生命、财产安全均造成一定程度的威胁。如果在污染处置、信息报告、事故调查、舆情应对等方面处置不当，易造成事件升级，甚至引发社会舆情混乱或群体性事件，引起深层次社会矛盾。

1.3.2.1 对公众生命、财产安全的影响

突发环境事件发生后，将直接或间接地对公众生命、财产安全造成损失。2015 年发生的"8·12"天津滨海新区爆炸事故造成 165 人遇难、8 人失踪、798 人受伤，304 幢建筑物、12 428 辆商品汽车、7 533 个集装箱受损，事故核定的直接经济损失高达 68.66 亿元（中央政府门户网站，2016a）。

1.3.2.2 对社会秩序的影响

突发环境事件发生后容易引发公众对环境质量的担忧和疑虑，特别是涉及饮水安全、空气质量等与群众生活息息相关的方面。若在事件处置过程中舆情处置不当，将会引起事件升级。另外，事件的反复发生易造成公众对某些工业项目产生邻避心理。如 2018 年福建泉州码头的一艘石化产品运输船在作业过程中因软管垫片老化、破损，引发碳九泄漏入近海，造成水体污染。由于相关部门在事件处置过程中存在工作经验不足、信息公开不到位、回应公众关切滞后等问题，造成该事件的舆论关注持续升温，该事件一度成为引发舆论恐慌和误读的焦点。

第2章

环境应急管理体系

环境应急管理作为应急管理的类型之一，其体系建设符合应急管理"一案三制"的特点。其中，"一案"是指突发环境事件应急预案，"三制"是指环境应急管理工作的体制、机制和法制。

2.1 "一案三制"概念

2004年3月，在部分省（区、市）及大城市制订完善突发公共事件应急预案座谈会上，时任国务委员、国务院党组成员兼国务院秘书长华建敏指出："要做好'一案三制'工作，即制定完善突发公共事件应急预案，加强应急体制、机制、法制建设。"此后，国务院全面部署了"一案三制"的建设工作。2006年7月，国务院召开全国应急管理工作会议，会议强调各级政府要以"一案三制"为重点，全面加强应急管理工作。2006年10月，党的十六届六中全会通过《中共中央关于构建社会主义和谐社会若干重大问题的决定》，正式提出我国按照"一案三制"的总体要求建设应急管理体系，即"完善应急管理体制机制，有效应对各种风险。建立健全分类管理、分级负责、条块结合、属地为主的应急管理体制，形成统一指挥、反应灵敏、协调有序、运转高效的应急管理机制，有效应对自然灾害、事故灾害、公共卫生事件、社会安全事件，提高危机管理和抗风险能力。按照预防与应急并重、常态与非常态结合的原则，建立统一高效的应急信息平台，建设精干实用的专业应急救援队伍，健全应急预案体系，完善应急管理法律法规，加强应急管理宣传教育，提高公众参与和自救能力，实现社会预警、社会动员、快速反应、应急处置的整体联动。坚持安全第一、预防为主、综合治理，完善安全生产体制机制、法律法规和政策措施，加大投入，落实责任，严格管理，强化监督，坚决遏制重特大安全事故。"

在"一案三制"中，预案是预先制定的应对突发环境事件的方案，法制着眼于环境应急相关法律法规的完善和支持，体制侧重于行政职权的划分和环境应急部门的配合，机制的主要作用在于如何将既定的预案和体制通过有效的方式方法有机串联起来（陈皓，2012），四者形成了不可分割的环境应急管理体系，相互作用、互为补充。总体来说，预案是前提，体制是基础，机制是关键，法制是保障（钟开斌，2009），具体如表2-1所示。

表2-1 "一案三制"的属性特征、功能定位及其相互关系

序号	"一案三制"名称	核心	主要内容	所要解决的问题	特征	定位	形态
1	体制	权力	组织结构	权限划分和隶属关系	结构性	基础	显在
2	机制	运作	工作流程	运作的动力和活力	功能性	关键	潜在
3	法制	程序	法律和制度	行为的依据和规范性	规范性	保障	显在
4	预案	操作	实践操作	应急管理实际操作	使能性	前提	显在

2.2 环境应急预案

应急预案是及时地、有序地、有效地开展应急处置工作的重要保障，是开展环境应急管理工作的前提，是我国应急管理体系建设的首要任务。

2.2.1 预案管理制度

我国环境应急预案管理制度形成了以《中华人民共和国突发事件应对

法》《中华人民共和国环境保护法》和环境保护各项单行法为法律支撑，以《突发事件应急预案管理办法》《突发环境事件应急预案管理暂行办法》《突发环境事件应急管理办法》等规章性文件为具体指导的框架体系（王鲲鹏等，2015）。

①《中华人民共和国突发事件应对法》规定国家建立健全突发事件应急预案体系。国务院制定国家突发事件总体应急预案，组织制定国家突发事件专项应急预案；国务院有关部门根据各自的职责和国务院相关应急预案，制定国家突发事件部门应急预案。地方各级人民政府和县级以上地方各级人民政府有关部门根据有关法律、法规、规章、上级人民政府及其有关部门的应急预案以及本地区的实际情况，制定相应的突发事件应急预案。《中华人民共和国环境保护法》要求"各级人民政府及其有关部门和企业事业单位，应当依照《中华人民共和国突发事件应对法》的规定，做好突发环境事件的风险控制、应急准备、应急处置和事后恢复等工作"。

②环境保护各项单行法（如《中华人民共和国水污染防治法》《中华人民共和国固体废物污染环境防治法》《中华人民共和国大气污染防治法》等）强调了人民政府在突发环境事件中的主体责任，规定发生突发环境事件时，人民政府及其有关部门和相关企业事业单位应当按照《中华人民共和国突发事件应对法》《中华人民共和国环境保护法》的规定，做好应急处置工作。

③《突发事件应急预案管理办法》是应急预案管理工作的重要指导文件。该管理办法明确了"应急预案管理遵循统一规划、综合协调、分类指导、分级负责、动态管理的原则""编制应急预案应当依据有关法律、法规、规章和标准，紧密结合实际，在开展风险评估、资源调查、案例分析的基础上进行"。同时对各层级应急预案侧重内容作出了详细规定，国家层面专项和部门应急预案重点规范国家层面应对行动，体现政策性和指导性；省级专项和部门应急预案重点规范省级层面应对行动，体现指导性和实用性；市县级专项和部门应急预案重点规范市（地）级和县级层面应对行动，落实相关任务，细化工作流程，体现应急处置的主体职责和针对性、可操作性；乡镇（街道）应急预案体现先期处置特点。

④《突发环境事件应急预案管理暂行办法》对环境保护主管部门、企业事业单位环境应急预案的编制、评估、发布、备案、实施、修订、宣教、培训和演练等活动作出了规定。

⑤《突发环境事件应急管理办法》第十一条、第十三条和第十四条对县级以上地方环境保护主管部门和企业事业单位提出了在开展风险评估工作基础上制定应急预案并备案的要求。

⑥《企业事业单位突发环境事件应急预案备案管理办法（试行）》对企业事业单位环境应急预案作出了规定："第九条　环境应急预案体现自救互救、信息报告和先期处置特点，侧重明确现场组织指挥机制、应急队伍分工、信息报告、监测预警、不同情景下的应对流程和措施、应急资源保障等内容。"

2.2.2　环境应急预案体系

环境应急预案是专门针对突发环境事件的预案。按照统一领导、分类管理、分级负责的原则，我国基本形成了国家、省（自治区、直辖市）、地市、县区和企业事业单位全覆盖的环境应急预案体系（李昌林等，2020）。通常情况下，环境应急预案按照责任主体分为政府环境应急预案、部门环境应急预案和企业事业单位环境应急预案，包括国家级、省级、市级、县（区）级、镇（街）级等不同级别的政府环境应急预案，各级政府相关部门的环境应急预案和企业事业单位环境应急预案。此外，还有一系列专门针对某一类突发环境事件的应急预案，如重污染天气应急预案、饮用水水源地突发环境事件应急预案等（王鲲鹏等，2015）。我国环境应急预案体系如图 2-1 所示。

按突发环境事件的种类划分，涉及突发环境事件的应急预案有重点流域敏感水域水环境应急预案、城市大气重污染应急预案、农业环境污染突发事件应急预案等，涉及生物物种安全环境事件的应急预案有农业转基因生物安全突发事件应急预案、重大外来林业有害生物应急预案等，涉及辐射环境事件的应急预案有核与辐射应急预案、处置化学恐怖袭击事件应急预案、处置核与辐射恐怖袭击事件应急预案、危险化学品废弃化学品应急预案等（蓝伟，2007）。

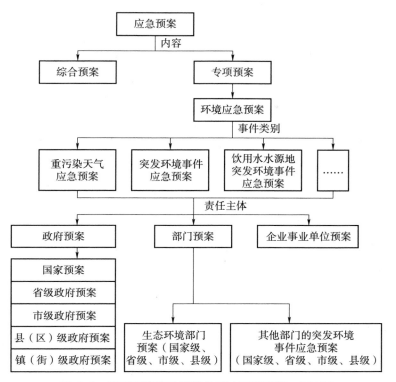

图 2-1　我国环境应急预案体系（王鲲鹏等，2015）

2.3　环境应急管理体制

　　环境应急管理体制作为"一案三制"的一项重要内容，具有明确职责、整合资源、及时响应、紧急救援、评估恢复等关键作用。应急管理体制是一个由横向机构和纵向机构、政府机构与社会组织相结合的复杂系统，包括应急管理的领导指挥机构、专项应急指挥机构以及日常办事机构等不同层次（薛澜等，2005）。

　　一般来说，突发环境事件的应急管理体制的含义有广义和狭义之分：广义的应急管理体制是指包括政府部门、非政府部门、企业事业单位以及社会公民个体在内的各类主体在突发环境事件应急管理中所形成的特定的关系模式，其中政府部门在危机管理中处于核心地位；狭义的应急管理体制则是指

13

国家和政府机关在进行突发环境事件应急管理时所采用或形成的关于机构设置、权责划分以及运行机制等各种制度的总和（刘婷，2013）。

2.3.1　环境应急管理基本原则

2007 年 11 月 1 日开始施行的《中华人民共和国突发事件应对法》第一章第四条明确规定"国家建立统一领导、综合协调、分类管理、分级负责、属地管理为主的应急管理体制"。其具体含义如下（王军，2009）：

统一领导是指我国的突发环境事件的应急管理体制是在党中央、国务院的统一领导下，各级地方政府分级负责，依法开展应急管理工作。地方各级人民政府是本地区突发环境事件应急管理工作的负责主体，负责本行政区域内的各类突发环境事件的应急管理工作。

综合协调是指成立专门的应急管理机构，协调不同部门以共同应对危机。由于突发环境事件具有综合性和联动性等特点，常常超越了一个部门甚至一个地方政府的应对能力，需要多个部门在技术、信息、物质以及救援队伍方面的相互合作。

分类管理是指根据突发环境事件的不同性质和专业应对要求对事故进行专业处置，以达到科学应对和提高公共管理效率的目的。根据突发环境事件类型的不同，具体包括制定应急管理规则、明确分级标准、积极开展预防与应急预警、应急准备、应急处置和救援、灾后恢复重建等应对工作。

分级负责是指对不同层次的突发环境事件，各级政府根据相关法律规定和自身能力，分级开展应急管理工作。中央层面主要负责跨省级行政区域的，或是超出当地省级人民政府处置能力的，影响范围甚至波及全国的重大和特别重大的突发环境事件；县以及设区的市一级人民政府主要负责发生在本行政区域内的应急管理工作。

属地管理就是根据所在地域确定具体管理部门，从守土有责的角度确保有效治理，强调在突发环境事件发生之初，地方政府应在应急管理中发挥主导作用。

2.3.2　机构设置

环境应急管理体制是承载着应急管理活动的管理机构设置、职能配置与职能相应的事务管理制度及权力运行机制的总称。目前，我国已初步形成了中央政府领导、有关部门和地方各级政府各负其责、社会组织和人民群众广泛参与的应急管理体制，各部门、各地方均设立专门的应急管理机构。在环境应急领域，生态环境部门是日常的环境应急管理机构，不仅需要承担水、大气、土壤、固体废物等各类环境要素的风险防范与化解工作，同时也涉及环境规划、项目审批、污染治理、监察监测、法规标准、生态修复等各个相关环节的管理。

另外，根据《国家突发公共事件总体应急预案》《国家突发环境事件应急预案》，我国突发环境事件应急组织体系包括领导机构、工作机构、办事机构、地方机构及专家组。

①领导机构：建立健全各级党委领导下的统一指挥机制，实行突发事件应对工作首长负责制，是我国应急管理体制的基本要求。国务院是突发事件应急管理工作的最高行政领导机构。

②工作机构：上级人民政府主管部门在各自职责范围内，指导、协助下级人民政府及其相应部门做好有关突发事件的应对工作。各级政府主管部门是突发事件应对的工作机构，其职责是负责具体相关类别的突发事件专项和部门应急预案的起草与实施，承担相关应急指挥机构办公室工作，在政府的统一领导下开展应急处置工作，同时指导、协助下级人民政府及其相应部门做好有关突发事件的预防、应急准备、应急处置和恢复重建等工作。

③办事机构：国务院和县级以上地方各级人民政府是突发事件应对工作的行政领导机关，其办事机构及具体职责由国务院规定。县级以上人民政府有必要在其内部设立相应的突发事件应急管理综合办事机构，负责应急管理日常工作。

④地方机构：地方各级人民政府是本行政区域突发事件应急管理工作的行政领导机构，负责本行政区域各类突发事件预测预警、应急处置（重点是

先期处置）、应急响应和恢复重建的组织领导工作。

⑤专家组：专家组的主要职责是为应对突发事件提供决策咨询和工作建议，必要时参加突发事件应急处置的技术援助工作。

根据《国家突发环境事件应急预案》的规定，国家环境应急指挥部主要由环境保护部、工业和信息化部、公安部、民政部、财政部、住房城乡建设部、交通运输部、水利部和安全监管总局等 28 个部门和单位组成；根据应对工作需要，增加有关地方人民政府和其他有关部门。国家环境应急指挥部下设污染处置组、应急监测组、医学救援组、应急保障组、新闻宣传组、社会稳定组、涉外事务组 7 个工作组。生态环境部成立环境应急指挥领导小组，具体负责特大和重大突发环境事件的应对工作，受国家环境应急指挥部和事件工作组的领导，领导小组下设环境应急管理办公室，负责环境应急与事故调查（如图 2-2 所示）。地方各级人民政府设置相应的应急指挥机构和环境应急指挥领导小组，成立环境应急管理办公室（李昌林等，2020）。

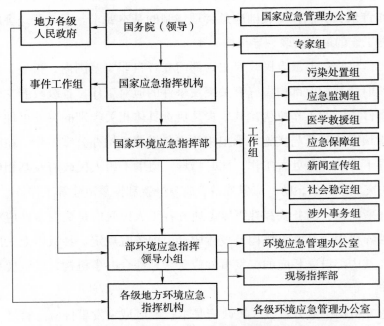

图 2-2　我国现行突发环境事件应急管理的组织机构体系

2.4　环境应急管理机制

《国家突发公共事件总体应急预案》中提出"形成统一指挥、反应灵敏、功能齐全、协调有序、运转高效的应急管理机制",实现从突发事件预防、处置到善后的全过程规范化流程管理(钟开斌,2009)。

环境应急管理机制涵盖了突发环境事件事前、事中和事后 3 个环节,是突发环境事件全过程中系统化、制度化、程序化、规范化的方法与措施。环境应急管理机制可以划分为应急预警机制、应急处置机制、事后恢复机制、应急保障机制 4 个模块(张静,2020),具体如图 2-3 所示。

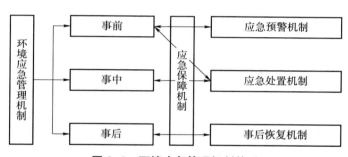

图 2-3　环境应急管理机制关系

2.4.1　应急预警机制

突发环境事件的早发现、早报告、早预警是及时做好应急准备、快速有效处置突发环境事件、尽量减少人员伤亡和财产损失的必要前提(刘铁民,2004)。在突发环境事件发生前对各种要素进行实时、持续、动态的监测,收集相关的数据和信息,通过风险分析与风险评估来判断突发环境事件发生的可能性,并将风险信息及时告知受影响者,采取必要的行动,减少突发环境事件造成的不利影响。应急预警机制是从源头上治理危机的理论保障,包括建立全国统一的突发事件信息系统,主要表现为信息采集系统、信息加工系统、突发事件警报系统、预警指标系统和突发事件预案系统。

《中华人民共和国突发事件应对法》在第三章"监测与预警"中作出了明

确规定：国务院建立全国统一的突发事件信息系统。县级以上地方各级人民政府应当建立或者确定本地区统一的突发事件信息系统，汇集、储存、分析、传输有关突发事件的信息，并与上级人民政府及其有关部门、下级人民政府及其有关部门、专业机构和监测网点的突发事件信息系统实现互联互通，加强跨部门、跨地区的信息交流与情报合作。

县级以上地方各级人民政府及其有关部门、专业机构应当通过多种途径收集突发事件信息。县级人民政府应当在居民委员会、村民委员会和有关单位建立专职或者兼职信息报告员制度。获悉突发事件信息的公民、法人或者其他组织，应当立即向所在地人民政府、有关主管部门或者指定的专业机构报告。

《国家突发环境事件应急预案》《广东省突发事件预警信息发布管理办法》中规定，按照事件发生的可能性大小、紧急程度和可能造成的危害程度，突发环境事件的预警级别由低到高分为四级，颜色依次为蓝色、黄色、橙色、红色，并规定蓝色预警由县级人民政府负责发布，黄色预警由地市级人民政府负责发布，橙色预警由省级人民政府负责发布，红色预警由事件发生地省级人民政府根据国务院授权负责发布。通过建立监测预警体系，能够就突发的环境问题事先向公众发出警报，以便政府、公众及时采取必要的调控手段和防护措施，是及时、正确处理突发环境事件，减轻事故危害和制定恢复措施的根本依据。

2.4.2 应急处置机制

突发环境事件发生以后，应急管理部门应该针对事件的性质、特点和危害程度，立即组织有关部门，调动各种应急资源和社会力量，依据相关法律、法规、规章和相关标准的规定进行应急决策，开展应急处置工作。根据《国家突发环境事件应急预案》，地方人民政府和有关部门立即自动按照职责分工和相关预案开展应急处置工作。决策处置是突发环境事件应急机制的关键环节，决定着能否有效遏制突发环境事件、最大限度地减少或避免突发环境事件造成的不良后果。应急处置的主要任务是确保污染事件发生后能及时科学有效地处置，最大限度地缩小污染损害范围，降低环境污染事件可能造成的影响（刘一帆，2017）。

突发环境事件应急处置是指通过现场调查处理和应急监测，在查清污染物种类、数量、浓度、污染范围及其可能造成的危害并作出预测判断的基础上，为使污染能够得到及时控制，防止污染的蔓延和扩散，将污染危害减少到最小程度，所采取的减轻和消除污染危害的一切措施。突发环境事件应急处置要求有关部门科学妥善处置，应遵循积极预防、及时控制、消除隐患的方针，坚持政府领导、部门负责、分级处置、反应快速、科学规范、同意协调的原则。

2.4.3　事后恢复机制

事后恢复是突发环境事件全过程管理的最后一个环节，重点在于对污染事件造成的影响进行调查评估，采取相应的环境治理与修复措施，保障环境安全。

突发环境事件的调查评估是指对突发环境事件的预防和处置进行考察并获取必要的相关信息，在此基础上开展评价与判断的活动。在突发环境事件应急机制的"减缓—准备—响应—恢复"这一闭合循环过程中，调查评估应贯穿其始终。《突发环境事件调查处理办法》对突发环境事件的原因、性质、责任的调查处理进行了规定，明确突发环境事件调查应当遵循实事求是、客观公正、权责一致的原则，及时、准确地查明事件原因，确认事件性质，认定事件责任，总结事件教训，提出防范和整改措施建议及处理意见。自 2013 年起，我国发布了一系列文件以规范突发环境事件损害评估工作，主要包含《突发环境事件应急处置阶段污染损害评估工作程序规定》《突发环境事件应急处置阶段环境损害评估推荐方法》《突发生态环境事件应急处置阶段直接经济损失评估工作程序规定》《突发生态环境事件应急处置阶段直接经济损失核定细则》《生态环境损害鉴定评估技术指南》等。

《国家突发公共事件总体应急预案》第 3.3 节和《中华人民共和国突发事件应对法》第五十八条至第六十二条对恢复重建作了明确的规定，《场地环境调查技术导则》《场地环境监测技术导则》《污染场地土壤修复技术导则》《工业企业场地环境调查评估与修复工作指南（试行）》《土壤污染治理与修复成效技术评估指南（试行）》等为污染修复工作提供了依据。

事后恢复阶段责任主体为地方生态环境部门，《突发环境事件应急管理办法》第五章对县级以上地方环境保护主管部门事后恢复阶段职责也作了规定。

第三十条　应急处置工作结束后，县级以上地方环境保护主管部门应当及时总结、评估应急处置工作情况，提出改进措施，并向上级环境保护主管部门报告。

第三十一条　县级以上地方环境保护主管部门应当在本级人民政府的统一部署下，组织开展突发环境事件环境影响和损失等评估工作，并依法向有关人民政府报告。

第三十二条　县级以上环境保护主管部门应当按照有关规定开展事件调查，查清突发环境事件原因，确认事件性质，认定事件责任，提出整改措施和处理意见。

第三十三条　县级以上地方环境保护主管部门应当在本级人民政府的统一领导下，参与制定环境恢复工作方案，推动环境恢复工作。

2.4.4　应急保障机制

成功处置突发环境事件离不开各类应急支撑保障。应急保障机制主要包括应急队伍、应急资金、应急场所、应急物资、应急管理信息化系统等方面。

应急队伍建设是妥善处置突发环境事件的前提。各级生态环境部门应建立完善环境应急管理机构，并以社会企业队伍以及其他优势专业应急救援队伍为依托，成立省级、地市级、区县级、企业级四级应急救援队伍，形成完整的突发环境事件应急救援队伍体系。

物资齐全是妥善处置突发环境事件的基础。根据区域环境风险源的分布以及受体的分布特点等提前做好重要应急物资的储备工作以及质量监管，并在突发环境事件发生后，高效、合理地调拨、配送应急资源，有效减少环境污染造成的危害（邵超峰等，2011）。

环境应急管理信息化系统是未来妥善处置突发环境事件的关键。以应急业务为主线，通过规范环境应急管理业务流程，提供科学的业务管理辅助分析，推进环境应急管理业务联动和信息资源共享，实现环境应急管理的精准化（刘一帆，2017）。

2.5　环境应急管理法制

法制建设是环境应急管理的基础和保障，也是开展各项应急活动的依据。我国环境应急管理法制体系属条块结合型，主要由宪法、环境保护法及单行法、行政法规、部门规章、自治条例、单行条例、地方性法规和政府规章中的相关规定以及《国家突发环境事件应急预案》等专门的应急预案构成（谢伟，2011）。当前，我国环境应急管理的法制建设可分为 4 个层次（张新梅等，2006）：

①立法机关通过的法律，如紧急状态法、公民知情权法和紧急动员法等；

②政府颁布的规章，如应急救援管理条例等；

③包括预案在内的以政府令形式颁布的政府法令、规定等；

④与应急活动直接有关的标准或管理办法。

2.5.1　法律法规

现有突发环境事件应对法律法规主要包括《中华人民共和国宪法》《中华人民共和国突发事件应对法》《中华人民共和国环境保护法》等。

《中华人民共和国宪法》第二十六条规定了国家对保护生态、防治污染的责任。第六十七条规定了全国人民代表大会常务委员会行使的职权，包括"（二十一）决定全国或者个别省、自治区、直辖市进入紧急状态"。第八十九条规定了国务院行使的职权，包括"（十六）依照法律规定决定省、自治区、直辖市的范围内部分地区进入紧急状态"。宪法明确了国家为突发环境事件管理的主体，为突发环境事件紧急状态的决定和宣布提供了法律依据（何达等，2018）。

《中华人民共和国突发事件应对法》是我国应急管理长期实践的高度总结，从法律层面确立了我国应急管理体制，明确了政府在应急管理中的主体地位和作用，规定了政府、公民参与突发事件应对活动的责任、权利和义务，并推动了政府应急管理体系建设。作为一项专门为突发事件应对而设立的法律，《中华人民共和国突发事件应对法》具有较高的法律位阶，包括预防与应急准备、监测与预警、应急处置与救援、事后恢复与重建、法律责任等制度；突发环境事件作为突发事件的一种，亦适用此法（陈皓，2012；何达等，2018）。

在环境保护法律规范中，虽然没有专门应对突发环境事件的法律出台，但相关条款与内容都已显现在《中华人民共和国环境保护法》《中华人民共和国大气污染防治法》《中华人民共和国水污染防治法》《中华人民共和国固体废物污染环境防治法》《中华人民共和国放射性污染防治法》等法律中。如《中华人民共和国环境保护法》第四十七条规定：

各级人民政府及其有关部门和企业事业单位，应当依照《中华人民共和国突发事件应对法》的规定，做好突发环境事件的风险控制、应急准备、应急处置和事后恢复等工作。

县级以上人民政府应当建立环境污染公共监测预警机制，组织制定预警方案；环境受到污染，可能影响公众健康和环境安全时，依法及时公布预警信息，启动应急措施。

企业事业单位应当按照国家有关规定制定突发环境事件应急预案，报环境保护主管部门和有关部门备案。在发生或者可能发生突发环境事件时，企业事业单位应当立即采取措施处理，及时通报可能受到危害的单位和居民，并向环境保护主管部门和有关部门报告。

突发环境事件应急处置工作结束后，有关人民政府应当立即组织评估事件造成的环境影响和损失，并及时将评估结果向社会公布。

《中华人民共和国水污染防治法》第六十九条规定：

县级以上地方人民政府应当组织环境保护等部门，对饮用水水源保护区、地下水型饮用水源的补给区及供水单位周边区域的环境状况和污染风险进行调查评估，筛查可能存在的污染风险因素，并采取相应的风险防范措施。

饮用水水源受到污染可能威胁供水安全的，环境保护主管部门应当责令有关企业事业单位和其他生产经营者采取停止排放水污染物等措施，并通报饮用水供水单位和供水、卫生、水行政等部门；跨行政区域的，还应当通报相关地方人民政府。

2.5.2　行政规章

相对于法律，行政规章具有灵活性和前瞻性的特点，适用范围广、内容科学、完整且经过反复适用和实践检验的政策往往通过法律化上升为规范性法律文件。

2006 年至今，与环境应急管理相关的行政规章包括《"十三五"生态环境保护规划》《国家突发公共事件总体应急预案》《国家突发环境事件应急预案》《关于加强环境应急管理工作的意见》《突发环境事件应急管理办法》《突发环境事件应急预案管理暂行办法》《企业事业单位突发环境事件应急预案备案管理办法（试行）》。与突发环境事件应急管理相关的行政规章还有《中华人民共和国船舶污染海洋环境应急防备和应急处置管理规定》《中华人民共和国政府信息公开条例》等。

2.5.3　技术规范

近年来，我国环境应急管理制度体系发展取得了一定进展。通过出台《企业突发环境事件隐患排查和治理工作指南（试行）》，加强了突发环境事件的隐患排查工作。针对企业、行政区域风险评估工作，分别出台了《企业突发环境事件风险评估指南（试行）》《企业突发环境事件风险分级方法》《行政区域突发环境事件风险评估推荐方法》，推进了全国环境风险评估工作的开展。通过出台石油化工、尾矿库、油气管道等典型行业企业应急预案编制指南与《企业事业单位突发环境事件应急预案评审工作指南》，规范了应急预案编制和备案管理。通过制定《突发环境事件应急监测技术规范》，指导了突发环境事件应急监测；制定《突发环境事件调查处理办法》《突发环境事件应急处置阶段污染损害评估工作程序规定》等技术规范，加强了事后调查处理和损害评估、赔偿和修复工作。各类环境应急管理制度和技术规范如表 2-2 所示。

表 2-2　环境应急管理制度和技术规范

类别	管理制度和技术规范	文号或标准号
风险评估与隐患排查	《关于进一步加强环境影响评价管理防范环境风险的通知》	环发〔2012〕77 号
	《新化学物质环境管理登记办法》	生态环境部令　第 12 号
	《废弃危险化学品污染环境防治办法》	国家环境保护总局令　第 27 号
	《关于加强环境影响评价管理防范环境风险的通知》	环发〔2005〕152 号
	《关于对重大环境污染事故隐患进行环境风险评价的通知》	国家环保总局 90 环管字 057 号
	《化学物质环境风险评估技术方法框架性指南（试行）》	环办固体〔2019〕54 号
	《环境应急资源调查指南（试行）》	环办应急〔2019〕17 号
	《企业突发环境事件风险分级方法》	HJ 941—2018
	《行政区域突发环境事件风险评估推荐方法》	环办应急〔2018〕9 号
	《建设项目环境风险评价技术导则》	HJ 169—2018
	《铬污染地块风险管控技术指南（试行）（征求意见稿）》	环办土壤函〔2017〕1787 号
	《污染地块风险管控技术指南——阻隔技术（试行）（征求意见稿）》	环办土壤函〔2017〕1787 号
	《企业突发环境事件隐患排查和治理工作指南（试行）》	环境保护部公告　2016 年第 74 号
	《尾矿库环境风险评估技术导则（试行）》	HJ 740—2015
	《企业突发环境事件风险评估指南（试行）》	环办〔2014〕34 号
	《污染场地风险评估技术导则》	HJ 25.3—2014
	《重点环境管理危险化学品环境风险评估报告编制指南（试行）》	环办〔2013〕28 号

类别	管理制度和技术规范	文号或标准号
风险评估与隐患排查	《环境风险评估技术指南——粗铅冶炼企业环境风险等级划分方法（试行）》	环发〔2013〕39 号
	《环境风险评估技术指南——硫酸企业环境风险等级划分方法（试行）》	环发〔2011〕106 号
	《环境风险评估技术指南——氯碱企业环境风险等级划分方法》	环发〔2010〕8 号
应急预案	《突发环境事件应急管理办法》	环境保护部令　第 34 号
	《企业事业单位突发环境事件应急预案备案管理办法（试行）》	环发〔2015〕4 号
	《突发事件应急预案管理办法》	国办发〔2024〕5 号
	《突发环境事件应急预案管理暂行办法》	环发〔2010〕113 号
	《集中式地表水饮用水水源地突发环境事件应急预案编制指南（试行）》	生态环境部公告　2018 年第 1 号
	《典型行业企业突发环境事件应急预案编制指南（征求意见稿）》	环办应急函〔2017〕1271 号
	《油气管道突发环境事件应急预案编制指南（征求意见稿）》	环办应急函〔2017〕1271 号
	《企业事业单位突发环境事件应急预案评审工作指南（试行）》	环办应急〔2018〕8 号
	《尾矿库环境应急预案编制指南》	环办〔2015〕48 号
	《尾矿库环境应急管理工作指南（试行）》	环办〔2010〕138 号
	《石油化工企业环境应急预案编制指南》	环办〔2010〕10 号
	《全国环保部门环境应急能力建设标准》	环发〔2010〕146 号
	《危险废物经营单位编制应急预案指南》	国家环境保护总局公告　2007 年第 48 号
应急监测	《突发环境事件应急监测技术规范》	HJ 589—2021
调查处理	《突发环境事件调查处理办法》	环境保护部令　第 32 号

续表

类别	管理制度和技术规范	文号或标准号
损害评估、赔偿	《生态环境损害鉴定评估技术指南》	生态环境部公告 2020 年第 79 号
	《突发生态环境事件应急处置阶段直接经济损失核定细则》	环应急〔2020〕28 号
	《突发生态环境事件应急处置阶段直接经济损失评估工作程序规定》	环应急〔2020〕28 号
	《生态环境损害鉴定评估技术指南 损害调查》	环办政法〔2016〕67 号
	《生态环境损害鉴定评估技术指南 总纲》	环办政法〔2016〕67 号
	《生态环境损害赔偿制度改革试点方案》	中办发〔2015〕57 号
	《环境损害鉴定评估推荐方法（第Ⅱ版）》	环办〔2014〕90 号
	《突发环境事件应急处置阶段环境损害评估推荐方法》	环办〔2014〕118 号
	《突发环境事件应急处置阶段污染损害评估工作程序规定》	环发〔2013〕85 号
污染修复	《土壤污染治理与修复成效技术评估指南（试行）》	环办土壤函〔2017〕1953 号
	《工业企业场地环境调查评估与修复工作指南（试行）》	环境保护部公告 2014 年第 78 号
	《建设用地土壤污染状况调查技术导则》	HJ 25.1—2019
	《建设用地土壤污染风险管控和修复监测技术导则》	HJ 25.2—2019
	《建设用地土壤污染风险评估技术导则》	HJ 25.3—2019
	《建设用地土壤修复技术导则》	HJ 25.4—2019

2.6 当前环境应急管理体系建设短板

突发环境事件与一般污染不同。虽然我国已经建立起环境应急管理体系，但是从应对突发环境事件的实践来看，仍旧存在法制建设不健全、指挥执行力不足、结构主体单一、配套机制滞后、应急预案体系不完备等短板，使得环境应急管理体系不能充分发挥作用。

2.6.1 环境应急管理法治建设尚不健全

生态环境保护单行法的应急管理相关规定不足，应急条款的可操作性不强，而应急预案在应急过程中法律效力的约束力较低，其适用性和执行力也相应较弱。当前环境应急法律缺乏对行政部门环境应急职能的明确划分，尤其是在行政程序的设置上，使得在突发环境事件应急处置过程中定位不准、职责不清。目前，地方政府的突发环境事件应对工作分散在生态环境、应急、消防、水利、交通运输等多个部门，各部门之间关系不明确，生态环境部门"指导协调"的职能在很大程度上被"肢解"和"架空"，这可能导致应急过程中出现职能交叉、工作重叠或执行能力下降、推卸责任的情况。

2.6.2 环境应急配套机制不完善

一是结构主体单一。我国现有的以政府为主的环境应急管理机制缺少政府、企业、社会之间的有效沟通和应急合作。社会组织作为社会资源整合的中心，能在突发环境事件发生后，通过物资救助、信息收集、人员派遣等措施，在应急初期和事故调查阶段发挥重大作用，以政府目标为代表的环境应急管理机制已不适合当前的环境应急管理局面。

二是应急保障机制不完善。对突发环境事件，无论从前期监测预警、应急响应还是事后恢复，都需要在"正常状态"时投入大量人力、物力以及资金作为保障，人员、物资、资金、技术等保障机制不完备导致环境应急管理能力不足。而现阶段我国在应急保障和支持方面的投入以及运用社会力量支持环境应急方面仍存在不足。

三是事后赔偿、恢复机制不到位。在之前的环境污染案例中，企业往往无力承担环境污染赔偿和恢复的巨额费用，而国家最终承担了环境恢复的责任。突发环境事件事后的恢复与补偿、赔偿是整个环境应急管理机制中重要的组成部分，赔偿、补偿机制不到位使突发环境事件的应急管理无法形成闭环。环境责任保险制度作为利用市场机制解决环境污染赔偿问题的有效手段，未受到国家和行政机关的认可与广泛应用（陈皓，2012）。

2.7　广东省环境应急管理体系建设现状

近年来，广东省生态环境主管部门以习近平生态文明思想为指导，大力推进环境管理体制机制法制建设，推进了《广东省环境保护条例》《广东省水污染防治条例》《广东省固体废物污染环境防治条例》《广东省大气污染防治条例》《广东省突发事件应对条例》等一批生态环境保护地方性法规的出台，对广东省环境应急管理体系的建设起到了引导作用。为加强地方环境应急管理，建立健全环境应急管理体系，广东省以"一案三制"环境应急管理体系建设为重点，以相关法律法规为基础，从环境预警体系、应急预案管理、应急响应体系、应急处置能力等方面出台了《广东省突发事件应急预案管理办法》《广东省突发环境事件应急预案》《广东省突发事件预警信息发布管理办法》《广东省突发事件现场指挥官制度实施办法（试行）》《突发环境事件应急预案备案行业名录（指导性意见）》《广东省企业事业单位突发环境事件应急预案编制指南（试行）》等一系列行政规章，以期规范各项应急行动，提高突发环境事件应急处置能力，具体如表 2-3 所示。

表 2-3　广东省环境应急管理行政规章

序号	行政规章	文号
1	《广东省生态环境损害赔偿工作办法（试行）》	粤办函〔2020〕219 号
2	《广东省企业事业单位突发环境事件应急预案编制指南（试行）》	粤环办〔2020〕51 号
3	《广东省应急管理专家管理办法》	—
4	《突发环境事件应急预案备案行业名录（指导性意见）》	粤环〔2018〕44 号
5	《广东省突发事件现场指挥官工作规范（试行）》	粤办函〔2015〕644 号
6	《广东省突发事件现场指挥官制度实施办法（试行）》	粤府办〔2014〕1 号

序号	行政规章	文号
7	《关于转发〈泛珠三角区域内地 9 省（区）跨省（区）突发事件预警信息发布联动机制〉、〈泛珠三角区域内地跨省（区）特别重大、重大气象灾害应急预案〉的通知》	粤办函〔2013〕474 号
8	《广东省突发事件应急管理专家组工作规则》	粤府函〔2013〕92 号
9	《广东省突发事件预警信息发布管理办法》	粤府办〔2012〕77 号
10	《关于深化应急管理宣教培训工作的意见》	粤府办〔2012〕33 号
11	《关于加强综合性应急救援队伍建设的意见》	粤府办〔2012〕18 号
12	《关于进一步加强应急管理能力建设的意见》	粤府办〔2011〕80 号
13	《广东省应急管理工作考核办法（试行）》	粤府办〔2011〕31 号
14	《广东省突发事件应急预案管理办法》	粤府办〔2008〕36 号
15	《关于进一步加强应急管理工作的意见》	粤府〔2007〕71 号
16	《关于进一步加强我省环境预警应急能力建设的通知》	粤府办〔2006〕78 号

　　总体而言，广东省环境应急管理工作以源头管控、全过程管理为主线，着力于推进环境应急管理法制建设、完善应急机构体系、协调环境应急机制、强化应急预案管理，使环境应急管理水平稳步提升，为加快构建和完善广东省环境应急管理体系奠定了坚实的基础。

　　在上述环境应急管理制度体系建设的基础上，广东省生态环境厅通过逐年制定"年度环境应急管理工作要点"的办法，切实加强对地市开展环境应急工作的指导，并开展了重点行业企业环境风险及化学品等环境隐患排查等一系列专项排查措施。在加强环境应急准备工作的同时，深化跨区域、跨部门联防联控合作。近年来，广东省生态环境厅联合广东省应急管理厅等 5 个部门印发了《危险化学品生产安全事故消防废水应急处置联动机制》，会同广东省应急管理厅印发了《关于加强安全生产环境保护工作协调联动的通知》，会同广东省应急管理厅开展了尾矿库、废弃危险化学品联合执法检查。同时，积极贯彻落实生态环境部、水利部印发的《关于建立跨省流域上下游突发水污染事件联防联控机制的指导意见》精神，加强与湖南、广西、江西、福建等周边四省（自治区）生态环境厅的沟通联系，协商签署了四省（自治区）《上下游突发水污染事件联防联控合作协议》及《广东省韩江流域上下游突发水污染事件联防联控合作框架协议》。建立了以广东省生态环境监测中心为龙头，带动广州市、深圳市、汕头市、韶关市、茂名市 5 个区域性监测中心协同作战的环境应急监测网络，妥善处理处置了"9·21"高州特大洪灾，北江镉、铊污染事件和"1·13"湛茂输油管原油泄漏事件等突发环境事件，生态环境安全形势总体平稳，人民群众生命财产安全和生态环境安全得到了有效保障（叶脉，2021）。

2.8 环境应急管理体系发展趋势

2020 年 11 月，生态环境部党组举行的理论学习中心组（扩大）集中学习中进一步明确我国"十四五"生态环境保护的政策走向，着力于完善生态环境监管制度体系，建立地上地下、陆海统筹的生态环境治理制度，优化生态环境监管体制机制，夯实科技支撑体系，加大财税支持力度，提升生态环境执法、监测、信息、科研、人才队伍等各方面能力。在数字化、信息化的时代背景下，党的十九大报告也提出要善于运用互联网技术和信息化手段开展工作，以技术监测、数据感知推进生态环境保护管理体系创新建设。

在突发环境事件的应急处置过程中，科学指导、专业应对和技术措施对于精确预测污染、快速控制污染、减少污染损害尤为重要。因此，应进一步夯实科技支撑体系，积极提升环境应急管理信息化水平，完善环境应急管理能力的现代化建设。一方面，要充分吸引现有的科技人才，建立突发环境事件应急专家库；另一方面，要积极培养突发环境事件应急相关监测分析、污染治理、预测模拟、装备研发等专业人才。要建立环境污染事件风险源及有毒有害化学品管理信息系统，建立物理、化学、生物、辐射等各种环境污染的应对处置技术数据库，并能支撑现场应对。同时，从队伍保障、物资保障、资金保障、通信保障等方面提升生态环境执法、监测、信息、科研、人才队伍等各方面的能力。

第 **3** 章

突发环境事件应急预案

突发环境事件应急预案是指为了在应对各类事故、自然灾害时，采取紧急措施，避免或最大限度地减少污染物或其他有毒有害物质进入大气、水体、土壤等环境介质而预先制定的工作方案，旨在通过管理手段预防、控制突发环境事件和环境风险。本章拟从政府和企业两个层面对突发环境事件应急预案进行介绍。

3.1　政府层面的应急预案

2005 年 5 月，我国首次颁布了《国家突发环境事件应急预案》。2014 年，经国务院批准，由国务院办公厅颁布了新版《国家突发环境事件应急预案》（以下简称《预案》）。《预案》分为总则、组织指挥体系、监测预警和信息报告、应急响应、后期工作、应急保障、附则等 7 个章节以及突发环境事件分级标准、国家环境应急指挥部组成及工作组职责 2 个附件。与 2005 年印发的《预案》相比，2014 年印发的新版《预案》结构更加合理，内容更加精练，定位更加准确，层级设计更加清晰，职责分工更加明确，"环境"特点更加突出，应急响应流程更加顺畅，指导性、针对性和可操作性更强。

从 2014 年开始，各省、自治区、直辖市人民政府均参考新版《预案》修订了相应预案。截至 2020 年 1 月，全国省、市、县三级环境应急预案编制率分别达到 100%、99%、80%，基本实现了环境应急预案全覆盖。按照每三年修订一次的规定，各地市已启动新一轮的应急预案修订工作。截至 2021 年 1 月，在广东省境内已有 57.1% 的地市完成预案新一轮修编并发布，33.3% 的地市预案正在修编或修编尚未发布，另有预案过期的地市 1 个、未编制政府应急预案的地市 1 个。在区县层面，已有 58.4% 的区县完成政府应急预案，7.0% 的区县正在编制，另有预案已过期的区县 34 个，未编制政府应急预案的区县 34 个，二者各占 17.3%。

与此同时，各级生态环境部门也针对新版《预案》制定了相应的部门预案。截至 2021 年 1 月，在广东省境内已有 66.7% 的地市完成部门应急预案的新一轮修编并发布，28.6% 的地市正在编制，另有 1 个地市的部门预案已过期。在区县层面，42.1% 的区县已完成部门应急预案，9.1% 的区县正在编制，43.7% 的区县尚未开展此项工作，另有已过期的部门应急预案 10 个，占比为 5.1%。

3.1.1　责任主体

政府层面应急预案主要分为政府应急预案、生态环境部门应急预案、饮用水水源地应急预案等类别。《突发环境事件应急管理办法》第十四条规定："县级以上地方环境保护主管部门应当根据本级人民政府突发环境事件专项应急预案，制定本部门的应急预案，报本级人民政府和上级环境保护主管部门备案。"因此，政府预案和部门预案的责任主体分别为当地人民政府和生态环境部门。《中华人民共和国水污染防治法》第七十九条规定"市、县级人民政府应当组织编制饮用水安全突发事件应急预案""饮用水供水单位应当根据所在地饮用水安全突发事件应急预案，制定相应的突发事件应急方案，报所在地市、县级人民政府备案，并定期进行演练"。因此，饮用水水源地应急预案的责任主体为当地人民政府以及饮用水供水单位。

3.1.2　工作要求

随着机构改革工作全面推进，环境应急管理体制和相关部门承担的应急职责将发生变化，现有的突发环境事件应急指挥体系需要进行调整，有必要对政府相关预案进行修订完善，进一步明确各相关部门的应急职责，强化部门之间的协调联动。为此，生态环境部和省级生态环境部门均对政府应急预案体系修编工作提出了具体要求。

在国家层面，《2020 年环境应急管理工作要点》提出"各省级生态环境部门也要积极谋划'十四五'环境应急预案体系建设，指导各地级市在开展行政区域环境风险评估基础上，结合机构改革职能调整，及时修订政府环境应急预案，并通过演练进行检验"。

在省级层面，广东省生态环境厅连续 3 年在工作要点中提及政府应急预案修订工作。2021 年，《2021 年全省环境应急管理工作要点》（粤环办〔2021〕21 号）要求，"各地级以上市及县（区）未完成本级政府预案、部门预案、应急监测预案、市级集中式饮用水水源地预案、化工园区预案修订的，继续推进预案修订和备案工作；各地分局推动开展县级集中式饮用水水源地环境应急预案制订和备案工作，力争 2022 年底前完成；鼓励乡镇（街道）政府、工业园区、工业聚集区开展环境应急预案（应急行动方案）制订和备案工作；各级生态环境部门按照分级管理原则做好督促指导工作，并通过演练检验预案的科学性和可操作性"。根据《关于印发 2022 年广东省环境应急管理工作要点的通知》（粤环办〔2022〕12 号）的要求，"各地级以上市及县（区）未完成本级政府预案、部门预案、应急监测预案、市及县（区）级集中式饮用水水源地预案、化工园区及专业园区预案编制修订的，力争 2022 年底前完成；各地要结合实际特点坚持实用引领，确保可操作，做好各类应急预案的衔接，确保机制衔接、任务衔接、措施衔接；结合"一河一策一图"将涉重金属污染应急处置预案纳入本地突发环境应急预案；鼓励乡镇（街道）政府、工业园区、工业聚集区开展环境应急预案（应急行动方案）制订和备案工作"。2023 年，《2023 年广东省环境应急管理工作要点》（粤环办〔2023〕11 号）继续强调，"各地级以上市及县（区）根据新修订的《广东省突发环境事件应急预案》修订本级政府预案和部门预案。督促有关企业事业单位按规定制（修）订应急预案并落实在线备案"。

3.1.3 编制要点

政府应急预案一般分为总则、组织指挥体系、运行机制、应急保障、监督管理、附则、附件。

3.1.3.1 总则

总则一般包括编制目的、编制依据、适用范围及工作原则。

①在"编制目的"中应说明编制此应急预案的目的、作用等。

②在"编制依据"中应列明政府应急预案编制所依据的法律、法规、规章、上位预案等。

③在"适用范围"中应说明预案适用的主体、范围，明确不适用的事故类型。

④在"工作原则"中应说明政府开展环境应急响应工作应遵循的总体原则。

3.1.3.2 组织指挥体系

明确相应级别的突发环境事件应急指挥部的构成，包括总指挥、副总指挥以及指挥部成员单位，并列出各成员单位的职责范围。在政府应急预案中，组织机构的编制应放在首位，只有厘清各部门的职责范围，才能有效地开展应急工作。

3.1.3.3 运行机制

在"运行机制"中主要梳理应急事件全过程的工作流程，一般包括监测预警、应对处置及事件后期工作。

在"监测预警"中应明确如何监控突发环境事件苗头并及时做出分析判断，必要时对外部发出预警信息。在预案中，应明确监控信息的获得途径，预警分级标准、预警信息发布制度、内容及发布途径，预警行动，预警级别的调整和解除。

"应急处置"包括突发环境事件发生后信息报告、响应启动、现场处置与响应措施、社会动员、应急终止等几部分。在"信息报告"中应明确信息报

告主体、时限和程序、内容和方式。在"响应启动"中应根据突发环境事件
及其引发的次生、衍生灾害的严重程度、影响范围和发展态势等情况进行分
级，形成不同层面的分级响应规定。"现场处置与响应措施"主要包括现场污
染处置、转移安置人员、医学救援、应急监测、市场监管和调控、维护社会
稳定、信息发布与舆情应对等内容。在"社会动员"中应明确调动社会力量
参与突发环境事件处置的原则与规定。在"应急终止"中应明确应急响应级
别的调整或终止的条件。

在"事件后期工作"中主要明确损害评估、事件调查、善后处置等阶段
的工作主体、工作内容与工作职责。

3.1.3.4　应急保障

根据环境应急管理工作现状提出应急保障需求，主要包括救援队伍保障、
资金保障、物资保障、交通保障、通信保障、技术保障和保险制度等方面。

3.1.3.5　监督管理

在"监督管理"中应明确预案演练、宣教培训的制度，包括演练或培训
的形式、范围、频次等，同时明确预案相关的责任与奖惩条款。

3.1.3.6　附则

在"附则"中主要明确预案的编制主体和解释单位，同时明确预案的实
施时间以及旧预案的废除。

3.1.3.7　附件

政府类预案的附件主要包括突发环境事件的分级标准、突发环境事件应
急指挥部工作组的组成及相关职责等。

3.1.4　常见问题

3.1.4.1　基层环境应急预案呈"空心化"现象

从发达国家的应急预案体系来看，呈现出"战略级—行动级—战术级—
现场级"四级预案体系架构（张美莲等，2017），兼顾了宏观、中观和微观不

同层面应急管理工作的要求。纵观国内各地市、区县突发环境事件应急预案及地方生态环境部门专项应急预案，其内容与制式趋于雷同，"上下一样粗"现象较为普遍，重规范性职能要求，轻技术性操作指导，无法体现出本级别、本地区、本部门的特殊性。例如，在同一起安全生产引发的突发环境事件中，应急管理部门与生态环境部门关注的重点不尽相同，在应急处置过程中部门之间衔接不够顺畅的现象时有发生，但这些问题往往未在预案制定过程中加以考虑，应提前做好风险沟通、信息共享等机制的设定。

3.1.4.2　Ⅰ级响应下指挥部的衔接不够清晰

在现有国家突发环境事件应急预案中，对中央政府和属地政府在决策指挥上的权责界限并未做出明确界定，中央政府的决策是成立应急指挥部统一指挥，还是以部门工作组、国务院工作组的形式予以统筹帮助支持，在多数情况下是根据突发环境事件的情况临时决定的，预案指导和规范能力不足。因此，无法针对涉及突发环境事件Ⅰ级响应情况下不同指挥部之间的衔接做出明确的规定。

3.1.4.3　现场指挥官机制不够明确

除了不同级别应急指挥部之间的衔接，应急响应过程中往往涉及现场指挥部的设置。广东省人民政府办公厅先后发布了《广东省突发事件现场指挥官制度实施办法（试行）》（2014年）、《广东省突发事件现场指挥官工作规范（试行）》（2015年），对现场指挥官制度的实施做出了相关规定（张美莲等，2017）。按照文件要求，应由负责组织突发事件应急处置的县级以上人民政府或者专项应急指挥机构启动现场指挥官机制，按照各类预案应急领导机构主要负责人、其他负责人来确定现场指挥官，再由现场指挥官组织成立现场指挥部。然而，现场指挥官制度尚处于探索阶段，各类环境应急预案对现场指挥官制度的落实相对薄弱，而且事故现场行政指挥与专业指挥之间的关系尚无明确界定。

3.1.4.4　预案中舆情应对工作重视不够

随着"绿水青山就是金山银山"的发展理念逐步深入民心，人民群众的环保意识有较大的提高，对环境污染和生态破坏事件有了更多的关注（张佳琳等，2019）。特别是借助网络手段，各种舆论传播迅速，突发环境事件一旦出现，极易成为社会各界关注的焦点。而在现有突发环境事件应急预案体系中，对应对舆情工作的重要性认识不足，对信息发布层级、信息发布内容、信息发布渠道（特别是微博、微信等新媒体）方面涉及较少，对高层级领导干部在舆情引导和新闻发布工作中的权责规定无明确界定。

3.2 企业层面的应急预案

企业层面的应急预案主要用于规范企业内部各个机构与员工在面对突发环境事件时应采取的处置措施，最大限度地减少各种风险事故的发生及事件可能造成的环境污染。《突发环境事件应急管理办法》第十三条规定："企业事业单位应当按照国务院环境保护主管部门的规定，在开展突发环境事件风险评估和应急资源调查的基础上制定突发环境事件应急预案，并按照分类分级管理的原则，报县级以上环境保护主管部门备案。"

3.2.1 责任主体

企业是编制环境应急预案的责任主体，企业法定代表人或实际控制人是预案编制工作的责任人。企业应根据应对突发环境事件的需要，主动开展企业环境应急预案的编制、评审、备案和实施工作，并对环境应急预案内容的真实性和可操作性负责。

按照《企业事业单位突发环境事件应急预案备案管理办法（试行）》（环发〔2015〕4号）的规定，以下企业需要编制环境应急预案：

①可能发生突发环境事件的污染物排放企业，包括污水、生活垃圾集中处理设施的运营企业；

②生产、储存、运输、使用危险化学品的企业；

③产生、收集、贮存、运输、利用、处置危险废物的企业；

④尾矿库企业，包括湿式堆存工业废渣库、电厂灰渣库企业；

⑤其他应当纳入适用范围的企业。

除了上述要求，该管理办法提出"省级环境保护主管部门可以根据实际情况，发布应当依法进行环境应急预案备案的企业名录"。广东、浙江、四川、辽宁等省份先后出台了应急预案备案行业名录，主要表现形式以广东省和四川省为例，分为如下两类。

3.2.1.1 广东省

广东省环境保护厅于2018年发布了《突发环境事件应急预案备案行业名录（指导性意见）》（粤环〔2018〕44号），将预案备案行业名录细化为如下内容。

①畜牧及农副产品加工业：规模化畜禽养殖场（年出栏生猪5 000头及以上；涉及环境敏感区的）；县级以上（含县）屠宰场（带冻库和使用化学制冷剂的）；制糖、糖制品加工（原糖生产）。

②酒、烟草制品业：酒精饮料及酒类制造；卷烟生产。

③纺织及服装业：纺织品制造（有洗毛、染整、脱胶工段，产生缫丝废水、精炼废水的）；服装制造（有湿法印花、染色、水洗工艺的）。

④皮革、毛皮、羽毛及其制品和制鞋业：皮革、毛皮、羽毛（绒）制品（制革、毛皮鞣制）；制鞋业（使用有机溶剂、发泡剂等化学品的）。

⑤造纸、纸制品业、印刷业：纸浆、溶解浆、纤维浆等制造；造纸（含废纸造纸）、纸制品制造（有化学处理工艺的）；印刷厂（水性油墨的除外）。

⑥石油加工、炼焦业：原油加工、天然气加工；油母页岩等提炼原油、煤制油、生物制油及其他石油制品；煤化工（含煤炭液化、气化）；炼焦、煤炭热解、电石。

⑦化学原料、化学制品制造业、化学纤维制造业：基本化学原料制造；农药制造；涂料、染料、颜料、油墨及其类似产品制造；合成材料制造；专用化学品制造；炸药、火工及焰火产品制造；水处理剂等制造；半导体材料、印刷电路板；日用化学品制造、化学肥料（除单纯混合和封装外的）；化学纤维制造、生物质纤维素乙醇生产；使用液氨的企业。

⑧医药制造业：化学药品、生物、生化制品制造；中成药制造、中药饮

片加工（有提炼工艺的）。

⑨橡胶和塑料制品业：轮胎制造（有炼化及硫化工艺的）、再生橡胶制造、橡胶加工、橡胶制品制造及翻新；塑料制品制造［人造革、发泡胶等涉及有毒原材料的，以再生塑料为原料的，有电镀或喷漆工艺且年用油性漆量（含稀释剂）10 t 及以上的］。

⑩非金属矿制品业：水泥制造；以煤、油、天然气为燃料加热的玻璃制品制造；含焙烧的石墨、碳素制品；石棉制品；陶瓷制品（有施釉工序的）。

⑪金属冶炼加工及制品业：炼铁、球团、烧结；炼钢；铁合金制造；锰、铬冶炼，有色金属冶炼（含再生有色金属冶炼）；有色金属合金制造；金属制品加工制造（有电镀或喷漆工艺的）；金属制品表面处理及热处理加工。

⑫有电镀或喷漆工艺且年用油性漆量（含稀释剂）10 t 及以上的行业：锯材、木片加工、木制品制造，竹、藤、棕、草制品制造；家具制造业；工艺品制造业；通用设备制造及维修；专用设备制造及维修；铁路运输设备制造及修理；船舶和相关装置制造及维修；航空航天器制造；摩托车、自行车制造；交通器材及其他交通运输设备制造；仪器仪表制造；汽车制造；电气机械和器材制造。

⑬废弃资源综合利用业：废旧资源（含生物质）拆解、加工、再生利用（废电子电器产品、废电池、废汽车、废电机、废五金、废塑料、废油、废船、废轮胎等加工、再生利用）。

⑭电力、热力生产和供应业：火力发电（含热电）、综合利用发电、水力发电、生物质发电、热力生产和供应工程。

⑮水利：跨市地域、跨流域、涉及环境敏感区的水利工程。

⑯城市基础设施建设与管理：燃气生产和供应业（煤气生产和供应工程）；水的生产和供应业（自来水生产和供应工程、生活污水集中处理、工业废水处理）；城镇生活垃圾（含餐厨废弃物）集中处置。

⑰环境治理业：危险废物（含医疗废物）利用及处置；一般工业固体废物（含污泥）处置及综合利用。

⑱煤炭洗选业：煤炭洗选、配煤；型煤、水煤浆生产。

⑲石油和天然气开采业：石油、页岩油开采；天然气、页岩气、砂岩气开采（含净化、液化）；煤层气开采（含净化、液化）。

⑳矿采选业：黑色（有色）金属矿采选（含单独尾矿库）；化学矿采选；石棉及其他非金属矿采选。

㉑交通运输业、管道运输业及仓储业：等级公路（二级及以上）；铁路、机场；供油工程；油气、液体化工码头、集装箱专用码头；石油、天然气、页岩气、成品油管线（不含城市天然气管线）；化学品输送管线；油库、气库（含 LNG 库）；有毒、有害及危险品仓储及运输。

㉒社会事业与服务业：专用实验室（P3、P4 生物安全实验室；转基因实验室）；研发基地（含医药、化工类等专业中试内容的）；具有试验、分析、检测等功能的化学、医药、生物类省级重点以上实验室；二级以上医院（发生突发环境事件可能对环境敏感区造成较大影响的）；胶片洗印厂；加油站、加气站；县（区）环保部门审批过的渣土堆放场。

㉓环境影响评价文件要求编制突发环境事件应急预案并备案的建设项目或企业。

3.2.1.2 四川省

四川省于 2019 年发布了《四川省突发环境事件应急预案备案行业名录（试行）》（川环办函〔2019〕504 号），将预案备案行业名录细化，具体如表 3-1 所示。2022 年，印发《四川省突发环境事件应急预案备案行业名录（2022 年版）》（川环规〔2022〕5 号）。

表 3-1 四川省突发环境事件应急预案备案行业名录（试行）

序号	类别名称		备注
	大类及其对应国民经济行业代码	小类	
1	畜牧业 A03	规模化畜禽养殖场	年出栏生猪 5 000 头（其他畜禽种类折合猪的养殖规模）及以上；涉及环境敏感区域（一）和（二）的

序号	类别名称		备注
	大类及其对应国民经济行业代码	小类	
2	农副食品加工业 C13	粮食及饲料加工	含发酵工艺的
3		制糖、糖制品加工	原糖生产
4		淀粉、淀粉糖	含发酵工艺的
5		植物油加工	含浸出工艺或者使用有机溶剂的
6		蔬菜加工	产生浓盐水的腌渍菜
7		屠宰	年屠宰生猪 10 万头、肉牛 1 万头、肉羊 15 万只、禽类 1 000 万只及以上；乡镇（含）以上带冻库和使用化学制冷剂的
8	食品制造业 C14	调味品、发酵制品制造	含发酵工艺的味精、柠檬酸、赖氨酸制造
9	酒、饮料制造业 C15	酒精饮料及酒类制造	有发酵工艺的（以水果或水果汁为原料，年生产能力 1 000 kL 以下的除外）
10	纺织业 C17	纺织品制造	有洗毛、染整、脱胶工段的；产生缫丝废水、精炼废水的
11	纺织服装、服饰业 C18	服装制造	有湿法印花、染色、水洗工艺的；使用有机试剂的
12	皮革、毛皮、羽毛及其制品和制鞋业 C19	皮革、毛皮、羽毛（绒）制品	制革、毛皮鞣制
13		制鞋业	使用有机溶剂、发泡剂等化学品的
14	木材加工和木、竹、藤、棕、草制品业 C20	锯材、木片加工、木制品制造	有电镀或喷漆工艺且年用油性漆量（含稀释剂）10 t 及以上的
15		人造板制造	年产 20 万 m^3 及以上
16		竹、藤、棕、草制品制造	有喷漆工艺且年用油性漆量（含稀释剂）10 t 及以上的

续表

序号	类别名称		备注
	大类及其对应国民经济行业代码	小类	
17	家具制造业 C21	家具制造	有电镀或喷漆工艺且年用油性漆量（含稀释剂）10 t及以上的
18	造纸和纸制品业 C22	纸浆、溶解浆、纤维浆等制造；造纸（含废纸造纸）	全部
19		纸制品制造	有化学处理工艺的
20	印刷业 C23	印刷厂	使用水性油墨的除外
21	文教、工美用品制造 C24	工艺品制造	有电镀或喷漆工艺且年用油性漆量（含稀释剂）10 t及以上的
22	石油加工、炼焦业 C25	原油加工、天然气加工、油母页岩等提炼原油、煤制油、生物制油及其他石油制品	全部
23		煤化工（含煤炭液化、气化）	全部
24		炼焦、煤炭热解、电石	全部
25	化学原料和化学制品制造业 C26	基本化学原料制造；农药制造；涂料、染料、颜料、油墨及其类似产品制造；合成材料制造；专用化学品制造；炸药、火工及焰火产品制造；水处理剂等制造	全部
26		肥料制造	化学肥料（除单纯混合和封装外的）
27		半导体材料	全部
28		日用化学品制造	除单纯混合和分装外的

序号	类别名称		备注
	大类及其对应国民经济行业代码	小类	
29	医药制造业 C27	化学药品制造；生物、生化制品制造	全部
30		中成药制造、中药饮片加工	有提炼工艺的
31	化学纤维制造业 C28	化学纤维制造	除单纯纺丝外的
32		生物质纤维素乙醇生产	全部
33		使用液氨的企业	全部
34	橡胶和塑料制品业 C29	轮胎制造（有炼化及硫化工艺的）、再生橡胶制造、橡胶加工、橡胶制品制造及翻新	全部
35		塑料制品制造	人造革、发泡胶等涉及有毒原材料的，以再生塑料为原料的，有电镀或喷漆工艺且年用油性漆量（含稀释剂）10 t 及以上的
36	非金属矿物制品业 C30	水泥制造	全部
37		玻璃及玻璃制品业	平板及特种玻璃制造
38		玻璃纤维	全部
39		陶瓷制品	使用煤气的或有施釉工序的
40		耐火材料及其制品	石棉制品
41		石墨及其他非金属矿物制品	含焙烧的石墨、碳素制品
42		防水建筑材料制造、沥青搅拌站	指以沥青或类似材料为主要原料制造防水材料的
43	黑色金属冶炼和压延加工业 C31	炼铁、球团、烧结	全部
44		炼钢	全部
45		黑色金属铸造	年产 10 t 及以上
46		压延加工	黑色金属年产 50 万 t 及以上的冷轧
47		铁合金制造；锰、铬冶炼	全部

续表

序号	类别名称		备注
	大类及其对应国民经济行业代码	小类	
48	有色金属冶炼和压延加工业 C32	有色金属冶炼（含再生有色金属冶炼）	全部
49		有色金属合金制造	全部
50	金属制品业 C33	金属制品加工制造	有电镀或喷漆工艺且年用油性漆量（含稀释剂）10 t 及以上的
51		金属制品表面处理及热处理加工	全部
52	通用设备制造业 C34	通用设备制造及维修	有电镀或喷漆工艺且年用油性漆量（含稀释剂）10 t 及以上的行业
53	专用设备制造业 C35	专用设备制造及维修	有电镀或喷漆工艺且年用油性漆量（含稀释剂）10 t 及以上的行业
54	汽车制造业 C36	汽车制造	有电镀或喷漆工艺且年用油性漆量（含稀释剂）10 t 及以上的行业
55	铁路、船舶、航空航天和其他运输设备制造业 C37	铁路运输设备制造及修理	有电镀或喷漆工艺且年用油性漆量（含稀释剂）10 t 及以上的行业
56		船舶和相关装置制造及维修	
57		航空航天器制造	
58		摩托车制造	
59		自行车制造	
60		交通器材及其他交通运输设备制造	
61	电气机械和器材制造业 C38	电气机械及器材制造	有电镀或喷漆工艺且年用油性漆量（含稀释剂）10 t 及以上的；铅蓄电池制造
62		太阳能电池片	太阳能电池片生产

序号	类别名称		备注
	大类及其对应国民经济行业代码	小类	
63	计算机、通信和其他电子设备制造业 C39	电子器件制造	有酸洗或有机溶剂清洗工艺且年用有机溶剂量（含稀释剂）10 t 及以上的
64		电子元件及电子专用材料制造	印刷电路板、蚀刻液、显影液、剥离液、稀释剂、清洗剂；涉及酸碱处理工序的，以及产生重金属污染物的
65	仪器仪表制造业 C40	仪器仪表制造	有电镀或喷漆工艺且年用油性漆量（含稀释剂）10 t 及以上的
66	废弃资源综合利用业 C42	废旧资源（含生物质）拆解、加工、再生利用	废电子电器产品、废电池、废汽车、废电机、废五金、废塑料（除分拣清洗工艺的）、废油、废船、废轮胎等加工、再生利用
67	电力、热力生产和供应业 C44	火力发电（含热电）	全部
68		综合利用发电	全部
69		水力发电	全部
70		生物质发电	全部
71		热力生产和供应工程	全部
72	燃气生产和供应业 C45	煤气生产和供应	全部
73	水的生产和供应业 C46	自来水生产和供应工程	全部
74		生活污水集中处理	日处理能力 2 万 t 及以上的
75		工业废水处理	全部

续表

序号	类别名称		备注
	大类及其对应国民经济行业代码	小类	
76	环境治理业 N77	危险废物（含医疗废物）产生、收集、贮存、运输、利用及处置	全部
77		一般工业固体废物（含污泥）处置及综合利用	全部
78	公共设施管理业 N78	城镇生活垃圾（含餐厨废弃物）集中处置	全部
79	研究和试验发展 M73	专业实验室	P3、P4生物安全实验室；转基因实验室
80		研发基地	含医药、化工类等专业中试内容的
81		具有试验、分析、检测等功能的化学、医药、生物类省级重点以上实验室	全部
82	卫生 Q84	二级以上医院	污染物排放行为引起社会广泛关注；发生突发环境事件可能对环境敏感区域（一）和（二）造成较大影响的
83	社会事业与服务业 O80/82	加油站、加气站	全部
84		胶片洗印厂	全部
85	煤炭开采和洗选业 B06	煤炭开采	全部
86		煤炭洗选、配煤	全部
87		型煤、水煤浆生产	全部
88	石油和天然气开采业 B07	石油、页岩油开采	全部
89		天然气、页岩气、砂岩气开采（含净化、液化）	全部
90		煤层气开采（含净化、液化）	全部

续表

序号	大类及其对应国民经济行业代码	类别名称 小类	备注
91	黑色金属矿采选业 B08	黑色金属矿采选	含单独尾矿库
92	有色金属矿采选业 B09	有色金属矿采选	含单独尾矿库
93	非金属矿采选业 B10	化学矿采选	含单独尾矿库
94		采盐	井盐
95		石棉及其他非金属矿采选	含单独尾矿库
96	交通运输业、管道业和仓储业 G53～G59	机场、铁路枢纽	全部
97		铁路	涉及（一）类环境敏感区的
98		等级公路	涉及（一）类环境敏感区的
99		导航台站、供油工程、维修保障等配套工程	供油工程；涉及环境敏感区域（二）的
100		油气、液体化工码头	全部
101		干散货（含煤炭、矿石）、件杂、多用途、通用码头	全部
102		集装箱专用码头	全部
103		石油、天然气、页岩气、成品油管线	不含城市天然气管线
104		化学品输送管线	全部
105		油库（不含加油站的油库）	全部
106		气库（含 LNG 库，不含加气站的气库）	全部
107		仓储（不含油库、气库、煤炭储存）	有毒、有害及危险品仓储及运输

续表

序号	类别名称		备注
	大类及其对应国民经济行业代码	小类	
108		其他	其他应当开展突发环境事件应急预案备案工作的企事业单位；鼓励其他企业制定突发环境事件应急预案，或在突发事件应急预案中制定突发环境事件应急预案专章，并备案

3.2.2 相关罚则

《突发环境事件应急管理办法》（环境保护部令 第 34 号）第三十八条规定，企业事业单位有下列情形之一的，由县级以上环境保护主管部门责令改正，可以处 1 万元以上 3 万元以下罚款：

①未按规定开展突发环境事件风险评估工作，确定风险等级的；

②未按规定开展环境安全隐患排查治理工作，建立隐患排查治理档案的；

③未按规定将突发环境事件应急预案备案的；

④未按规定开展突发环境事件应急培训，如实记录培训情况的；

⑤未按规定储备必要的环境应急装备和物资；

⑥未按规定公开突发环境事件相关信息的。

3.2.3 组织形式

企业可自行编制环境应急预案，也可委托相关专业技术服务机构编制环境应急预案。自行编制预案的企业事业单位应成立环境应急预案编制组，明确编制组成员、工作任务、编制计划。委托第三方专业技术服务机构编制的企业，应由企业和编制机构联合成立编制小组，明确预案编制的执行负责人和组织部门。

3.2.4　预案要求

3.2.4.1　编制要求

制定突发环境事件应急预案的基础是开展突发环境事件风险评估与应急资源调查，所以一套完整的应急预案应包括突发环境事件风险评估报告、应急资源调查、突发环境事件应急预案。

企业环境应急预案可包括综合应急预案、专项应急预案、应急处置卡片等类别。按照《广东省企业事业单位突发环境事件应急预案编制指南（试行）》（粤环办〔2020〕51号）的要求（如表 3-2 所示），重大环境风险企业应包括综合应急预案、专项应急预案以及应急处置卡片；较大环境风险企业的综合应急预案和专项应急预案可合并编写；一般环境风险企业可简化环境应急预案体系。企业根据环境风险等级评估结果及应急管理需求调整专项应急预案和应急处置卡片的数量。

表 3-2　广东省境内企业环境应急预案体系结构

企业环境风险等级	综合应急预案	专项应急预案	应急处置卡片
重大环境风险	需要	需要	需要
较大环境风险	可合并编制		需要
一般环境风险	可合并编制		

3.2.4.2　格式要求

企业应急预案应包括封面、责任页、批准页、目录、具体内容与附件。

封面主要包括应急预案编号、应急预案版本号、企业事业单位名称、应急预案名称、编制单位名称、颁布日期等内容。

责任页需包含预案编制单位、人员名单及签名。如委托外部机构编写预案，编制机构应包含委托单位全称、统一社会信用代码、编写人员及签名。

批准页为明确应急预案经发布单位主要负责人批准发布的内容。

目录包含编号、标题和页码，一般至少设置两级目录。

企业应急预案内容包含总则、基本情况、组织体系和职责、预防与预警机制、应急响应、应急终止、善后处置、保障措施、预案管理等。

3.2.5 综合预案编制要点

3.2.5.1 总则

总则一般包括编制目的、编制依据、适用范围、事件分级、工作原则以及应急预案体系等内容。

①在"编制目的"中应说明企业编制应急预案的目的、作用等。

②在"编制依据"中应列明企业应急预案编制所依据的法律、法规、规章、上位预案以及有关行业管理规定、技术规范和标准等。

③在"适用范围"中应说明预案适用的主体、范围以及事件类型、工作内容。

④在"事件分级"中应根据企业的实际情况，按照突发环境事件的性质、严重程度、可控性、影响范围等，采用定量与定性相结合的分级标准，进行事件分级。通常可划分为车间级（或装置区）、厂区级、社会级 3 个级别。社会级指污染的范围超出厂界或污染的范围在厂界内但企业不能独立处理，为了防止事件扩大，需要调动外部力量；厂区级指污染的范围在厂界内且企业能独立处理；车间级指事件出现在厂内局部区域或单元且企业能独立处理。其中，社会级应与企业所在区（县）突发环境事件应急预案相衔接，并参照国家突发环境事件分级标准划分。

⑤在"工作原则"中应说明企业开展环境应急处置工作时遵循的总体原则。

⑥在"应急预案体系"中应说明企业应急预案体系的构成情况，明确综合预案、专项预案、应急处置卡片等预案的名称、数量，以及采用专章或专篇的形式；说明企业应急预案与企业内部其他预案（生产安全事故预案）的关系；说明企业应急预案和政府及有关部门应急预案的关系。必要时附以预案关系图，表述预案之间横向关联及上下衔接关系。

3.2.5.2　基本情况

根据企业突发环境事件风险评估报告的相关内容，简要说明企业基本信息和环境风险现状，可包含以下内容：基本信息、装置及工艺、"三废"（废水、废气、废渣）情况、批复及实施情况、环境功能区划情况、周边环境风险受体、环境风险物质、环境风险单元、历史事故分析、环境风险防范措施等。

3.2.5.3　组织体系和职责

企业内部应急组织机构（如图 3-1 所示）一般由应急领导小组、应急领导小组办公室、现场处置组、应急监测组、后勤保障组和专家组等构成，企业可依据自身实际情况调整。明确突发环境事件发生时可请求支援的外部应急救援力量及其保障的支持方式和能力，并定期更新相关信息。

应急预案应列出所有参与应急处置的人员的姓名、所处部门、职务、联系电话、应急工作职责、负责解决的主要问题等。

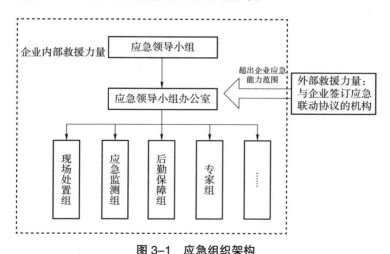

图 3-1　应急组织架构

3.2.5.4　预防与预警机制

"预防与预警机制"章节主要可分为"预防""预警"两部分。

"预防"部分主要是结合《企业突发环境事件隐患排查和治理工作指南

（试行）》，从突发水环境事件风险防控措施、突发大气环境事件风险防控措施、隐患排查治理制度、日常监测制度等方面明确企业突发环境事件预防措施。

预警机制是指企业根据事故信息、外部机构发布的预警信息等，指示企业内部相关部门和人员做好突发环境事件防范和应对准备的响应机制。在预案中，应明确监控信息的获得途径；明确预警信息分析研判的主体、程序、时限和内容等；明确企业预警信息发布主体与发布内容；明确预警信息接收、调整、解除程序。企业应依据潜在突发环境事件危害程度、可能影响范围等因素，采用定性与定量相结合的指标，确定企业内部预警分级标准，如按照由高到低分为红色、黄色、蓝色等预警等级。

3.2.5.5 应急响应

应急响应可分为分级响应程序、信息报告、应急处置措施和应急监测等几部分。

（1）分级响应程序

按照分级响应的原则，确定不同级别的现场组织机构和负责人，并根据事件级别的发展态势，明确应急指挥机构应急启动、应急资源调配、应急救援、扩大应急等响应程序和步骤。

根据突发环境事件预警级别研判结果，结合企业控制事态的能力，以及需要调动的应急资源等，企业突发环境事件可分为社会级响应（一级）、厂区级响应（二级）和车间级响应（三级）。明确响应流程与升（降）级的关键节点，并以流程图表示。企业也可根据自身实际情况调整为社会级响应（一级）和厂区级响应（二级）两级。分级应急响应如图 3-2 所示。

（2）信息报告

在"信息报告"中明确信息报告责任人、时限和发布的程序、内容和方式，可分为内部报告、外部报告、信息通报等。

在"内部报告"中需明确 24 h 应急值守电话，明确企业内部信息传递程序、责任人、时限、方式、内容等。

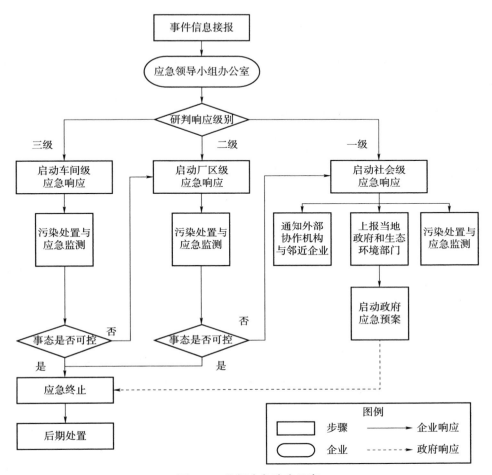

图 3-2　分级应急响应示意

在"外部报告"中需明确事件发生后向上级主管部门、上级单位报告事件信息的流程、方法、方式、内容、时限和责任人。上报时限参考《国家突发环境事件应急预案》《突发环境事件信息报告办法》与地方要求进行编制，如有多种要求，从严执行。

在"信息通报"中需明确事件发生后向可能遭受事件影响的单位以及向请求援助单位发出有关信息的方法、方式、内容、时限和责任人等。通知援助单位时需明确传递风险物质及风险源的情况、应急物资需求、人员需求和其他必要需求等信息。

在各类报告中，事件报告内容至少应包括事件发生的时间、地点、起因、基本过程、主要污染物与数量、监测数据、人员受害情况、已污染的范围、事件发展趋势、处置情况、警示事项、相关措施建议等。

（3）应急处置措施

根据可能发生突发环境事件的污染物性质、事件类型、严重程度和可能影响的环境范围，制定相应的应急处置措施，明确处置原则和具体要求。应急措施应包含但不限于污染源切断和控制、污染物处置、人员紧急撤离和疏散、现场处置、次生污染防范情况。

涉及人员紧急撤离和疏散时，应明确事件现场人员清点撤离的方式、方法与安置地点。涉及人员受伤时，应明确第一发现人与救援人员的联系方式、救援职责与注意事项。涉及火灾事故时，明确火灾情景下启动消防设备、隔离工艺设备、围堵或拦截可能的污染物、妥善处置污染物、启动可能涉及的水处理系统与公用工程的方式、方法与程序。涉及化学品泄漏时，明确不同化学品泄漏情况下围堵泄漏物的方法、方式及应急物资，明确防止泄漏物进入雨水系统的方法、方式及应急物资，明确外溢不能阻止情景下的控制措施程序。

（4）应急监测

企业在预案编制时应根据实际情况，结合《突发环境事件应急监测技术规范》，明确应急监测方案，内容包括污染现场、实验室应急监测方法、仪器、药剂，可能受影响区域的监测布点和频次等。若企业自身没有监测能力，应与协议机构共同制定监测方案。

突发环境事件发生时，企业环境监测机构要立即开展应急监测。若自身没有监测能力，应迅速与当地环境监测机构或其他协议监测机构联系，确保能够第一时间获得环境监测支持。在外部监测机构到达后，企业应配合相关机构进行监测。

3.2.5.6 应急终止

预案应结合企业的实际情况，明确应急终止责任人、终止的条件和应急终止的程序；同时在明确应急状态终止后，相关部门应继续进行环境跟踪监测和评估。通常企业可以从以下几个方面明确终止条件：

①事故现场得到控制，事件风险隐患得到消除；

②污染源的泄漏或释放已得到完全控制；

③事件造成的危害已彻底消除，无继发可能；

④事故现场的各种专业应急处置行动无继续的必要；

⑤采取了必要的防护措施以保护公众免受二次危害，并使事件可能引起的中长期影响趋于合理并且尽可能控制在最低水平；

⑥根据环境应急监测和初步评估结果，由应急指挥部决定应急响应终止，下达应急响应终止指令。

3.2.5.7　善后处置

预案应明确现场污染物的后续处置措施，以及环境应急相关设施、设备、场所的维护。必要时配合有关部门对环境污染事件的中长期环境影响进行评估。

3.2.5.8　保障措施

预案一般针对通信、队伍、装备等几方面提出具体保障措施。

①在"应急通信"中应明确与应急工作相关的单位和人员联系方式及方法，并提供备用方案。建立健全应急通信系统与配套设施，确保应急状态下信息联络通畅。

②在"应急队伍保障"中应明确环境应急响应的人力资源，包括环境应急专家、专业环境应急队伍、兼职环境应急队伍等人员的组织与保障方案。

③在"应急装备保障"中应明确企业应急处置过程中需要使用的应急物资和装备的类型、数量、性能、存放位置、管理责任人及其联系方式等内容。

另外，根据环境应急工作需求，预案可确定其他相关保障措施（如经费、交通运输、治安、技术、医疗、后勤、体制机制等保障）。

3.2.5.9　预案管理

预案管理主要包括预案培训、预案演练、预案修订等内容。

在"预案培训"中应明确对员工开展的应急培训计划、方式和要求。明确对可能受影响的居民和单位的宣传、教育和告知等工作。

在"预案演练"中应明确不同类型环境应急预案演练的形式、范围、频次、内容及演练评估、总结等要求。

在"预案修订"中应明确预案评估、修订、变更、改进的基本要求、时限及采取的方式等。

3.2.5.10 附则

预案附则主要包括预案的签署和解释及预案的实施。在"预案的签署和解释"中主要明确预案签署人和预案解释部门，在"预案的实施"中明确预案的实施时间。

3.2.5.11 附件

预案附件主要是将企业在预案使用时所需资料附在后面，具体可视不同生态环境部门的管理要求而定。简单来讲，环境应急预案的附件一般包括以下几个部分：

①企业应急通讯录；

②外部单位（政府有关部门、救援单位、专家、环境风险受体等）通讯录；

③企业四至图、区域位置图、环境风险受体分布图、周边水系图；

④企业内部人员撤离路线；

⑤环境风险单元分布图；

⑥应急物资装备分布图；

⑦企业雨水、清净下水和污水收集、排放管网图，应标注应急池位置、容量、控制阀节点等详细情况。

3.2.6 专项预案编制要点

企业应根据自身实际情况制定专项应急预案，可按照环境要素（水环境、大气环境、土壤环境等）、污染要素（废水、废气、危险废物等）和其他类型事件次生环境事件（化学品泄漏、火灾爆炸等）进行分类。针对某一类型突发环境事件制定的应急预案主要包括突发环境事件特征分析、监控预警措施、应急职责分工、应急处置程序及措施、应急终止等内容。

3.2.6.1　突发环境事件特征分析

阐述可能发生的突发环境事件特征，包括事件引发原因、涉及的环境风险物质及事件的影响范围等。

3.2.6.2　监控预警措施

根据可能发生的事件类型，明确各项监控预警措施，包括监控措施、环境风险管理制度、环境应急队伍及物资储备等。

3.2.6.3　应急职责分工

应急职责分工主要包括组织架构和岗位职责。在"组织架构"中主要根据可能发生的事故类型和应急处置需求，明确应急队伍和人员等，并注意与综合应急预案中应急组织机构以及应急处置卡片中人员的衔接。在"岗位职责"中主要规定专项环境应急组织结构中各岗位的应急工作职责、协调管理范畴、负责解决的主要问题等。

3.2.6.4　应急处置程序及措施

根据事件类型，明确应急处置程序及措施，可采用组织结构图、流程图、路线图、表单等形式，并辅以文字说明，简明表达各项要点。对于可能涉及的空间信息，可在平面布置图上进行标注。

同时应明确以下内容：污染源切断措施、污染物控制措施、污染物消除措施、应急监测和监控措施、现场人员的防护和疏散、人员救护、应急终止和事后恢复等，注意与应急处置卡片的有效衔接。

3.2.6.5　应急终止

明确现场应急响应结束的基本条件和要求。

3.2.7 应急处置卡片编制要点

针对主要情景、关键岗位、重要设施（如围堰、应急池、雨水污水排放口闸门等）设置相应应急处置卡片。应急处置卡片明确特定突发环境事件现场处置措施的一整套流程及相应部门，包括风险描述、报告程序、上报内容、预案启动、排查、控源截污、监测、后勤保障、后期处置、恢复和注意事项等方面内容，并在企业重要位置粘贴，相关模板如表 3-3~表 3-5 所示。

表 3-3　突发环境事件应急处置卡片（响应级别）

处置程序	应急处置措施	责任岗位	可利用应急资源
事故情景			
报警及预案启动			
断源			
截污			
消污			
监测			
后期处置			
注意事项			

表 3-4　岗位应急响应卡片

岗位名称			
姓名		联系方式	
风险因素			
可能波及范围			
信息报告流程			
应急响应要求			
可利用应急资源			
企业应急负责人电话		上级主管单位联系电话	
外部应急救援机构联系电话 消防报警电话 119　　　急救号码 120　　　公安报警电话 110			

表 3-5　应急设施卡片

负责人		联系方式	
有效容积*			
主要收集范围			
日常维护要求			
应急操作流程			

　　注：＊围堰、应急池、污水排放口闸门、雨水排放口闸门等应急防护设施需配备相应处置卡片。

3.2.8　常见问题

3.2.8.1　突发事件分级不规范、不合理

　　在企业突发环境事件应急预案中，经常出现事件分级、预警分级情形描述不具体，未与环境风险分析结果相对应等问题，导致应急预案与风险评估无法形成有效衔接。部分企业环境应急预案的事件分级判断指标或沿用安全事件的分级标准，或直接照搬国家应急预案分级标准，与企业实际情况不相吻合，以致引起政府、企业应急响应标准混乱的问题。

3.2.8.2 预案间衔接和协调性差

多数企业环境应急预案仅简单作图表明企业预案、属地政府预案之间的关系，未能具体说明联动方式，导致事故发生时无法与地方政府的应对工作形成有效配合，造成各行其是的局面，错过应急响应的有利时机。此外，企业环境应急预案也未与其内部的安全生产预案、危险化学品应急预案、火灾消防预案等相互衔接、协调，导致各预案的应急组织机构设置不一致，应急组织机构各小组成员"身兼多职"，职责边界不清，未能全面合理地分工。

3.2.8.3 应急响应缺乏可操作性

许多企业的预案在应急处置方面过于笼统，未能深入企业、结合企业实情制定有效的应急措施，缺少实施主体；在应急监测方面，未说明污染物现场应急监测方法、仪器、药剂，以及可能受影响的监测布点和频次。同时，预案通常未能与突发环境事件分级情况相互衔接，并针对不同的事件应急响应分级提出不同的应急指挥负责人、应急处置人员与应急响应措施。

3.2.8.4 企业关键信息要素不全面

由于企业应急预案在使用时往往具有紧迫性，理应列明企业的重要风险信息以辅助应急决策。抽样情况显示，部分企业的应急预案中原辅材料与风险物质种类及存储量、"三废"产生与排放情况、周边环境状况等基本信息介绍不全或描述不清；周边环境敏感点联系方式、纳污水体水文特征与水质标准、下游最近取水点距离等信息缺失；企业风险单元分布图、雨污管网图等重要图件缺失或不清晰等现象时有发生。

3.3 完善环境应急预案体系的对策与建议

国家已在突发环境事件应急预案管理工作中建立基本的框架体系，但仍存在部分环境应急预案无法有效衔接，预案针对性和可操作性不强，应急相关人员对自身岗位的环境应急职责与操作规程不明晰等情况，无法满足新形势下环境应急管理的工作需要。针对上述问题，提出以下对策与建议。

3.3.1　协调预案与法律之间的关系

在目前应急管理法律法规体系已经形成的情况下，对应急预案尤其是位阶较高的应急预案，应重点协调应急预案与《中华人民共和国突发事件应对法》之间的关系，以及突发事件应对活动与各类法律之间的关系，避免出现以案代法的情况。可通过《中华人民共和国突发事件应对法》的修订，在法律之下，完善应急预案的框架和内容，使各级政府应急预案回归其作为突发环境事件应急行动指南的本位。

3.3.2　明确各级政府应急预案定位

各级政府突发环境事件应急预案按照"战略级—行动级—战术级—现场级"重新定位，在充分做好行政区域突发环境事件风险分析和应急资源调查的基础上，规范省级、地市级、县区级各级环境应急响应流程，重在明确突发环境事件具体处置层面的应急响应工作及参与人员的职责。例如，在省级层面应明确重要时间节点、相关领导与责任人，充分体现信息报告、指挥调度、组织协调、监督指导、参谋建议等职能；在地市级、县区级层面应明确疏散隔离、污染源排查、污染物处置、应急监测、医疗救护等阶段的措施，并且应明晰现场设备、人员和资源的管理等具体活动。

3.3.3　完善部门之间应急联动衔接机制

加强各级政府职能部门之间涉及突发环境事件的应急联动能力建设，建立健全联防联控工作机制和信息共享、应急救援物资共享机制。重点提升危化品运输车辆泄漏爆炸、企业安全生产事故等的次生突发环境事件的预防预警和协同应对处置能力，加强应急管理、生态环境、住建、水利、消防救援等部门的信息互通、协作配合、合力应急处置，提高突发环境事件应急处置行动的一致性、协调性。通过应急联动机制的完善，促进突发环境事件应急处置程序的优化。

3.3.4　推广以情景构建为基础的预案编制方法

在风险分析的基础上，发挥对各种具体突发环境事件情景的想象力，有针对性地采取应对措施，重点分析事件可能产生的影响、所需任务清单以及所具备应急资源，强化编制预案的科学性和实用性。

就省级层面突发环境事件应急预案而言，应重点关注事件高度复杂、事态发展错综交织的极端情景，将事件引发的次生、衍生事件作为重要的考虑因素，聚焦于容易造成长期污染、引起社会舆论、引发大规模群体事件，甚至可能同时触发多种国家级专项预案的极端小概率情景。

对基层生态环境部门而言，作为应对突发环境事件的"第一响应人"，基层生态环境部门应针对自身业务工作与各类突发事件的相关性这一核心问题，全面梳理关键任务清单，并将不同应急预案中涉及本部门的关键任务进行列表合并，对各类情景的信息接报、信息处理、污染源排查、截污封堵、综合治污、应急监测等各项工作的安排做到心中有数。

对企业突发环境事件应急预案而言，应急预案的编制及修订应以对企业环境风险的全面梳理和情景构建分析作为基础性工作和切入点，按照"风险分析—情景构建—任务分解—能力建设"的路径，根据行业特征及企业实际情况落实预案编制。特别是针对不同事件分级提出相应的应急指挥负责人、应急处置人员、应急响应措施与所涉及的应急物资等具体安排，并在做好应急资源调查的基础上，对照现有应急资源情况提出人员、物资、设施等应急能力建设的具体目标和保障措施。

3.3.5　强化预案舆情应对工作

信息公开、舆论引导是突发环境事件成功处置的重要手段。在各级政府突发环境事件应急预案中应提前设计好舆情应对方案，就如何公开事件调查及处理进展情况、如何回应大众关注等关键环节进行梳理，及时诚恳地回应，避免舆情爆发之初回应迟滞与处置不当。通过有效引导舆情的发展，压缩负面消息的传播时空，为突发环境事件的处置创造有利的舆论环境。

3.3.6　建立预案持续改进机制

可通过演练主动改进或通过事后评估优化突发环境事件应急预案。通过实战演练、桌面演练等方式，发现预案在组织体系设置、事故应对程序、情势鉴别条件、计划及执行等方面的不足，进而对预案进行优化完善。健全突发环境事件评估机制和事故调查机制，对事件处置及相关防范工作开展科学合理的评估，从教训中深度学习反思，把事后学习的经验教训反馈到事前应急预案的修订设计中。

第 **4** 章

突发环境事件应急响应

应急响应是指突发环境事件发生后的反应，即预防、准备、反应和恢复，是危机管理中的重要组成部分。

4.1　基本原则

根据国务院于 2006 年发布的《国家突发公共事件总体应急预案》，突发环境事件发生后应遵循"以人为本、减少危害，居安思危、预防为主，统一领导、分级负责，依法规范、加强管理，快速反应、协同应对，依靠科技、提高素质"的工作原则进行应急响应。

①以人为本，减少危害。切实履行政府的社会管理和公共服务职能，把保障公众健康和生命财产安全作为首要任务，最大限度地减少突发公共事件及其造成的人员伤亡和危害。

②居安思危，预防为主。高度重视公共安全工作，常抓不懈，防患于未然。增强忧患意识，坚持预防与应急相结合，常态与非常态相结合，做好应对突发公共事件的各项准备工作。

③统一领导，分级负责。在党中央、国务院的统一领导下，建立健全分类管理、分级负责，条块结合、属地管理为主的应急管理体制，在各级党委

领导下，实行行政领导责任制，充分发挥专业应急指挥机构的作用。

④依法规范，加强管理。依据有关法律和行政法规，加强应急管理，维护公众的合法权益，使应对突发公共事件的工作规范化、制度化、法制化。

⑤快速反应，协同应对。加强以属地管理为主的应急处置队伍建设，建立联动协调制度，充分动员和发挥乡镇、社区、企业事业单位、社会团体和志愿者队伍的作用，依靠公众力量，形成统一指挥、反应灵敏、功能齐全、协调有序、运转高效的应急管理机制。

⑥依靠科技，提高素质。加强公共安全科学研究和技术开发，采用先进的监测、预测、预警、预防和应急处置技术及设施，充分发挥专家队伍和专业人员的作用，提高应对突发公共事件的科技水平和指挥能力，避免发生次生、衍生事件；加强宣传和培训教育工作，提高公众自救、互救和应对各类突发公共事件的综合素质。

4.2　应急响应流程

因突发环境事件具有突发性、复杂性、破坏性、急迫性等特征，必须迅速有效地进行应急响应。应急响应的主要任务是确保突发环境事件发生后能及时有效地处置，最大限度地缩小污染损害范围，降低突发环境事件可能造成的影响。突发环境事件应急响应程序如图 4-1 所示。

突发环境事件的应急响应一般包括以下程序：

①接报与先期处置。应急管理部门的相关工作人员在接报后第一时间要收集事故现场的相关信息，及时将接报信息上报，按照属地为主的原则迅速赶赴事故现场进行救援，并进行先期处置，防止突发环境事件扩大升级。

②分析研判。根据接报信息和调度情况，组织分析研判，根据事件可能造成的环境影响及社会影响，确定事件的初步等级。

③启动预案与应急响应。初步判断突发环境事件的等级后，应急机构根据分级响应的原则，及时启动应急预案。

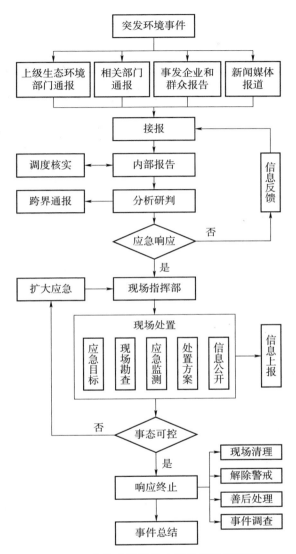

图 4-1 突发环境事件应急响应常规流程

④现场处置。根据事件类型、现场具体情况，采取相应的现场应急处置措施，控制事态的发展。

⑤扩大应急。在突发环境事件处置过程中，如果事态发展难以控制、事件级别有上升趋势，或目前采取的应急措施不足以控制严峻的态势，根据事

态发展情况和采取措施的效果适时调整应急响应级别和进一步扩大应急响应的范围。

⑥响应终止。根据《国家突发环境事件应急预案》，响应终止的条件为："当事件条件已经排除、污染物质已降至规定限值以内、所造成的危害基本消除时，由启动响应的人民政府终止应急响应。"

⑦事件调查。根据《突发环境事件调查处理办法》要求，对突发环境事件的起因、性质、影响、经验教训等进行仔细评估，并对事故责任人予以法律处置。

4.3　应急响应职责

4.3.1　企业应急响应职责

《突发环境事件应急管理办法》第九条和第二十三条对企业事业单位应急处置职责进行了规定：

第九条　企业事业单位应当按照环境保护主管部门的有关要求和技术规范，完善突发环境事件风险防控措施。

前款所指的突发环境事件风险防控措施，应当包括有效防止泄漏物质、消防水、污染雨水等扩散至外环境的收集、导流、拦截、降污等措施。

第二十三条　企业事业单位造成或者可能造成突发环境事件时，应当立即启动突发环境事件应急预案，采取切断或者控制污染源以及其他防止危害扩大的必要措施，及时通报可能受到危害的单位和居民，并向事发地县级以上环境保护主管部门报告，接受调查处理。

应急处置期间，企业事业单位应当服从统一指挥，全面、准确地提供本单位与应急处置相关的技术资料，协助维护应急现场秩序，保护与突发环境事件相关的各项证据。

因此，企业层面应急处置的法定职责如下：

①必须立即采取清除或减轻污染危害措施的职责；

②向当地生态环境部门和有关部门报告事故发生情况的职责；

③及时向可能受到污染的单位和居民进行通报的职责；

④为事故应急救援提供技术指导和必要协助的职责；

⑤接受有关部门调查处置的职责；

⑥赔偿损失的职责；

⑦制定突发环境事件应急预案并向有关部门报告的职责；

⑧加强防范措施的职责。

当突发环境事件发生后，企业要严格执行突发环境事件应急处置"三个第一时间"原则：要第一时间做好相应的响应措施；第一时间实施突发环境事件的处置和救援工作；同时第一时间上报当地生态环境部门。

4.3.2　政府应急响应职责

《中华人民共和国突发事件应对法》第四章第四十八条规定："突发事件发生后，履行统一领导职责或者组织处置突发事件的人民政府应当针对其性质、特点和危害程度，立即组织有关部门，调动应急救援队伍和社会力量，依照本章的规定和有关法律、法规、规章的规定采取应急处置措施。"

《突发环境事件应急管理办法》第二十四条到第二十九条对地方生态环境部门应急处置期间的职责进行了规定，对信息报告、通报、污染源排查和应急监测等进行了明确要求。

第二十四条　获知突发环境事件信息后，事件发生地县级以上地方环境保护主管部门应当按照《突发环境事件信息报告办法》规定的时限、程序和要求，向同级人民政府和上级环境保护主管部门报告。

第二十五条　突发环境事件已经或者可能涉及相邻行政区域的，事件发生地环境保护主管部门应当及时通报相邻区域同级环境保护主管部门，并向本级人民政府提出向相邻区域人民政府通报的建议。

第二十六条　获知突发环境事件信息后，县级以上地方环境保护主管部门应当立即组织排查污染源，初步查明事件发生的时间、地点、原因、污染物质及数量、周边环境敏感区等情况。

第二十七条　获知突发环境事件信息后，县级以上地方环境保护主管部门应当按照《突发环境事件应急监测技术规范》开展应急监测，及时向本级人民政府和上级环境保护主管部门报告监测结果。

第二十八条　应急处置期间，事发地县级以上地方环境保护主管部门应当组织开展事件信息的分析、评估，提出应急处置方案和建议报本级人民政府。

第二十九条　突发环境事件的威胁和危害得到控制或者消除后，事发地县级以上地方环境保护主管部门应当根据本级人民政府的统一部署，停止应急处置措施。

因此，当地政府应急处置的法定职责如下：

①进入预警状态后按事件等级启动相应政府应急预案的职责；

②及时向上一级人民政府报告的职责；

③向相邻县、市、省（自治区、直辖市）及时通报的职责；

④采取有效措施减轻污染危害的职责；

⑤信息发布的职责；

⑥协调纠纷的职责。

当地生态环境部门应急处置的法定职责如下：

①通知相关部门履行法律责任的统一监管的职责；

②向本级人民政府和上级生态环境部门报告的职责；

③开展环境应急监测工作的职责；

④向毗邻地区生态环境部门通报的职责；

⑤接到事发地生态环境部门突发环境事件通报后向本级人民政府报告的职责；

⑥建议政府适时向社会发布突发环境事件信息的职责；

⑦协助政府做好应急处置各项工作的职责；

⑧对突发环境事件进行调查处置工作的职责；

⑨协调处理污染损害赔偿纠纷的职责。

生态环境部门突发环境事件的应急响应就是在得到突发环境事件信息后，

对应启动应急预案，严格按照"五个第一时间"开展应对工作，即第一时间准确研判、及时报告，第一时间赶赴现场、控制事态，第一时间开展监测、辅助决策，第一时间展开调查、追究责任，第一时间引导舆论、维护稳定；严格落实"三不放过"原则，即事件原因没有查清不放过、事件责任者没有严肃处理不放过、整改措施没有落实不放过。

4.4 突发环境事件应急处置的关键环节

近几十年来，随着经济社会的发展，我国环境风险隐患问题突出，各类突发环境事件频发。李旭等（2021）对 2011—2017 年我国突发环境事件受体类型的统计结果表明突发环境事件主要涉及水、大气和土壤环境受体类型，占比分别为 85.59%、7.56% 和 6.85%，其中水是主要的受体类型，说明突发水污染事件是主要的突发环境事件类型。因此，本节主要对突发水环境污染事件应急处置的关键环节进行总结分析。

针对突发水环境污染事件，常见的应急处置可分为工程措施和非工程措施，突发水环境污染事件应急处置总体方案主要包括污染溯源、断源截污、污染控制、水利工程调度和饮水保障等方面。

4.4.1 污染溯源

突发环境事件发生后，应第一时间开展污染源排查和应急监测工作，以避免污染持续发生。

（1）污染源溯源

对于连续排放的污染源，利用便携式监测仪器沿污染河段向上游追溯。当找到特征污染物浓度陡然下降或无法检出的监测断面（点）时，在监测断面（点）附近排查相关企业，将排放废水或堆存物料中特征污染物浓度异高的企业列为疑似污染源。

对于一次性排放的污染源，在特征污染物涉及的行业类别中排查上游企业，对相关企业进行现场调查，将排放废水或堆存物料中特征污染物浓度异高的企业列为疑似污染源。

（2）确定污染源

当初步发现疑似污染源后，需要通过特征污染物、总量、浓度梯度、污染过程、迁移时间序列等多种指标来锁定污染源。

4.4.2 断源截污

当查明污染源后，首要任务是切断污染源。按照生产设备、厂区内、污染入河前、支流、河床到较大水域的先后顺序切断污染源，拦截污染物。在断源截污过程中应提前做好各种准备措施以防止污染物扩散。

4.4.3 污染控制

污染控制主要涉及筑坝拦截、溶药投药等环节。在运行污染控制工程时，可以采取单一工程进行应急处置，也可采取多工程联合运行，根据具体情况采取相同或几种不同的调度运行模式，以达到减少污染危害的效果。值得注意的是，在突发水环境污染事件应急处置过程中，可能需要临时建设一些水利工程，这些工程一般规模较小，应急结束后通常不再保留。污染控制工程运行影响因素很多，因此需充分考虑防汛、抗旱等限制，尽量减轻对生活用水的影响。

当水体发生有毒有机物污染时，主要采用吸附法和氧化分解法等来应对；当发生金属和类金属污染时，主要采用化学混凝沉淀及吸附法来处理；对于突发性油类污染，一般结合物理回收和分散剂等化学方法来应对；对于生物污染，则采用化学氧化及消毒技术来处理。

4.4.4 水利工程调度

水利工程调度运用作为处置突发水环境污染事件的重要手段，具有独特优势，已得到广泛应用，其中断面流量控制是水量调度的基本手段之一（Cheng et al.，2010）。一般来讲，在运用水利工程处置突发水环境污染事件时，可采取以下几种运用方式来减轻污染、改善水质。

（1）拦水

该方式主要通过水利工程的调度，关闭水利工程闸门或下降水利工程闸门，减少或阻断水污染发生河段上游水利工程的下泄流量，减缓污染团或污染带向下游推进的流速，为下游污染物拦截、采取处置措施争取时间。

（2）排水

该方式主要通过水利工程的调度，启动水污染发生河段上游水利工程闸门泄水或加大水污染发生河段上游水利工程的下泄流量，以稀释污染带、污染团或使污染带、污染团快速通过某一敏感水域。

（3）引水

引水实际上也是调水的一种，通过调度其他水域的水源到另一水域，以达到稀释污染、改善水质的目的。

（4）截污或引污

从对水流的处置形式上看，其差异在于拦水、引水等是对水的处置，截污是对污染团、污染带的处置，是为防止下游重要水源的污染，主要针对毒性较大、难以处理或污染浓度很高的污染团、污染带所采取的一种应急处置方法。该方法主要是通过下闸关闭水利工程，使污染团暂时缓存在某一河段，或采取引流方式将污染团引出流动水域，利用岸边洼地将污染团暂时缓存，而后进行处理。

4.4.5　饮水保障

饮用水应急处理工艺与污染控制工程工艺相同。在实施自来水厂处理工艺应急改造过程中，应注意投药点的位置和 pH 的调节与控制。选择的饮用水应急处理工艺需满足以下要求：

①水质重金属超标 5 倍以下，实施水厂改造；

②处理效果显著，不引入二次污染，出水水质满足饮用水水质标准；

③与现有水厂处理工艺相结合，便捷、快速、易于实施；

④成本适宜，技术经济可行。

第**5**章

突发环境事件信息报告

5.1 信息报告的意义

　　信息报告工作是妥善处置突发环境事件的前提和基础。及时、准确、全面的信息能够为上级领导了解情况、科学决策提供重要依据，方便上级生态环境部门有针对性地予以指导，并根据事件需要及时派出工作组进行支援。信息上报越及时、越准确，应急响应就越主动、越有效。另外，随着群众环保意识的提高，新闻媒体、社会舆论对突发环境事件的关注度越来越高，稍有不慎就可能造成社会恐慌，甚至引发社会不稳定因素。及时准确的信息报告有利于地方政府及时发布真实准确的信息，避免因信息不畅或信息被曲解引起的猜测和恐慌。因此，做好信息报告工作是维护社会稳定的重要条件。

　　《中华人民共和国突发事件应对法》《中华人民共和国环境保护法》《国家突发环境事件应急预案》《突发环境事件信息报告办法》等多部法律、法规及部门规章都对信息报告作出明确要求。其中，《中华人民共和国突发事件应对法》第三十八条、第三十九条、第四十条分别规定了"县级以上人民政府及其有关部门、专业机构应当通过多种途径收集突发事件信息""有关单位和人员报送、报告突发事件信息，应当做到及时、客观、真实，不得迟报、谎报、瞒报、漏报""认为可能发生重大或者特别重大突发事件的，应当立即向上级人民政府报告，并向上级人民政府有关部门、当地驻军和可能受到危害的毗邻或者相关地区的人民政府通报"，第六十三条规定迟报、谎报、瞒报、漏报有关突发事件的信息，或者通报、报送、公布虚假信息，造成后果的，根据情节对直接负责的主管人员和其他直接责任人员依法给予处分。《中华人民共和国环境保护法》第四十七条规定："各级人民政府及其有关部门和企业事业单位，应当依照《中华人民共和国突发事件应对法》的规定，做好突发环境事件的风险控制、应急准备、应急处置和事后恢复等工作……在发生或者可能发生突发环境事件时，企业事业单位应当立即采取措施处理，及时通报可能受到危害的单位和居民，并向环境保护主管部门和有关部门报告。"为了规范突发环境事件信息报告工作，环境保护部制定了《突发环境事件信息报告办法》（环境保护部令　第 17 号），该办法是突发环境事件信息报告工作的部门规章，明确了信息报告的程序、时限、种类和内容，以及责任追究等。其中，该办法第十五条明确指出："在突发环境事件信息报告工作中迟报、谎报、瞒报、漏报有关突发环境事件信息的，给予通报批评；造成后果的，对直接负责的主管人员和其他直接责任人员依法依纪给予处分；构成犯罪的，移送司法机关依法追究刑事责任。"因此，无论是突发环境事件应对工作本质要求，还是法律、法规的严格规定，都赋予了突发环境事件信息报告工作重要的地位和意义，政府和企业事业单位均有承担突发环境事件信息报告工作的责任和义务。

5.2　信息报告的程序与时限

5.2.1　一般程序和时限要求

根据《突发环境事件信息报告办法》第三条规定："突发环境事件发生地设区的市级或者县级人民政府环境保护主管部门在发现或者得知突发环境事件信息后，应当立即进行核实，对突发环境事件的性质和类别做出初步认定。对初步认定为一般（Ⅳ级）或者较大（Ⅲ级）突发环境事件的,事件发生地设区的市级或者县级人民政府环境保护主管部门应当在四小时内向本级人民政府和上一级人民政府环境保护主管部门报告。对初步认定为重大（Ⅱ级）或者特别重大（Ⅰ级）突发环境事件的，事件发生地设区的市级或者县级人民政府环境保护主管部门应当在两小时内向本级人民政府和省级人民政府环境保护主管部门报告，同时上报环境保护部。省级人民政府环境保护主管部门接到报告后，应当进行核实并在一小时内报告环境保护部。突发环境事件处置过程中事件级别发生变化的，应当按照变化后的级别报告信息。"

因此，根据上述规定，目前对初步认定为一般（Ⅳ级）或者较大（Ⅲ级）突发环境事件的，事件发生地设区的市级或者县级人民政府生态环境部门（国家生态环境管理部门机构改革后，县、区生态环境部门一般为市级生态环境部门的派出机构）应当在4 h内向本级人民政府和上一级人民政府生态环境部门报告。

对初步认定为重大（Ⅱ级）或者特别重大（Ⅰ级）突发环境事件的，事件发生地设区的市级或者县级人民政府生态环境部门应当在2 h内向本级人民政府和省级人民政府生态环境部门报告，同时上报生态环境部。省级人民政府生态环境部门接到报告后，应当进行核实并在1 h内报告生态环境部。

生态环境部在接到下级人民政府生态环境主管部门重大（Ⅱ级）或者特别重大（Ⅰ级）突发环境事件以及其他有必要报告的突发环境事件信息后，应当及时向国务院总值班室和中共中央办公厅秘书局报告。突发环境事件处置过程中事件级别发生变化的，应当按照变化后的级别报告信息。

5.2.2 "六类"事件的程序和时限要求

发生下列一时无法判明等级的突发环境事件，事件发生地设区的市级或者县级人民政府生态环境主管部门应当按照重大（Ⅱ级）或者特别重大（Ⅰ级）突发环境事件的报告程序上报：

①对饮用水水源保护区造成或者可能造成影响的；

②涉及居民聚居区、学校、医院等敏感区域和敏感人群的；

③涉及重金属或者类金属污染的；

④有可能产生跨省或者跨国影响的；

⑤因环境污染引发群体性事件，或者对社会影响较大的；

⑥地方人民政府生态环境主管部门认为有必要报告的其他突发环境事件。

突发环境事件报告程序和时限流程如图 5-1 所示。

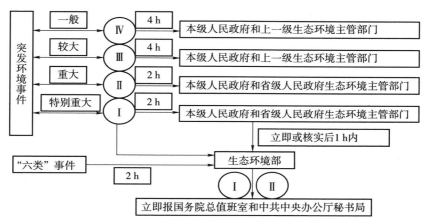

图 5-1 突发环境事件报告程序和时限流程示意

上级人民政府生态环境部门接到下级人民政府生态环境部门以电话形式报告的突发环境事件信息后，应当如实、准确地做好记录，并要求下级人民政府生态环境部门及时报告书面信息，若先于下级人民政府生态环境部门获悉突发环境事件信息的，可以要求其核实并报告相应信息。对于情况不够清楚、要素不全的突发环境事件信息，上级人民政府生态环境部门应当要求下级人民政府生态环境部门及时核实并补充信息。突发环境事件已经或者可能涉及相邻行政区域的，事件发生地生态环境部门应当及时通报相邻区域同级人民政府生态环境部门，并向本级人民政府提出向相邻区域人民政府通报的建议。接到通报的生态环境部门应当及时调查了解情况，并按照规定报告突发环境事件信息。此外，涉及国家秘密的突发环境事件信息，应当遵守国家有关保密的规定。

在突发环境事件信息报告工作实践中，重特大、属"六类"事件、主流媒体报道、舆情关注度高、有领导批示或上级部门调度的突发环境事件，一般都是生态环境部要求必须上报的事件。对于重特大突发事件，要求 30 min 电话报告、1 h内书面报告；对于敏感信息，不拘泥于分级标准的相关规定；要求核报的信息，原则上电话反馈时间不超过30 min；对于明确要求报送书面信息的，反馈时间不得超过1 h；领导同志有批示的，要迅速做好传达落实，原则上批示当天即报送贯彻落实情况，最迟不得超过24 h。由于对信息报告在时间要求上做了非常严格的规定，因此也要求事发企业事业单位在事故发生后对信息报告所需的有关信息，应当知无不言，以免造成严重后果、承担更大的法律责任。

5.3 信息报告的内容

突发环境事件的报告分为初报、续报和处理结果报告（终报）。初报指在发现或者得知突发环境事件后首次上报；续报指在查清有关基本情况、事件发展情况后随时上报；处理结果报告（终报）指在突发环境事件处理完毕后上报。

（1）初报

一是上报基本情况，如事件信息来源、发生的时间和地点、起因和性质、人员伤亡、主要污染物和数量、饮用水水源地及周边环境敏感点情况；二是上报已采取的措施，如事件发生后应急响应启动、领导批示情况、现场采取处置措施情况、处置效果；三是上报应急监测情况，如应急监测方案制定、大气监测点位和水质监测断面布设、监测频次及评价标准情况，某监测时间点或时间段监测结果情况（超标的写出超标倍数），研判事件发展趋势情况；四是上报下一步工作，如拟采取的主要措施，并附示意图（周边环境敏感点、监测点位图和监测数据表等）。

（2）续报

一是上报基本情况（在初报中未核实清楚或有新情况的可补充，若无可略）；二是上报采取的措施，如环境受影响最新情况、事件重大变化情况、领导批示情况、应急处置会商情况、事件处置情况、事件信息公开、舆情反应及应对情况；三是上报应急监测情况，如应急监测方案调整情况（监测点位断面调整及频次）、监测结果情况（超标的写出超标倍数）、研判事件发展趋势情况；四是上报下一步工作，如需进一步采取的措施，并附应急监测点位及断面图（调整的应急监测断面图）、从第一次开始连续的应急监测数据表（画出污染趋势图）、上一日与今日关键点位对比照片（每一个关键点位标明位置、日期）。

（3）终报

一是上报事件基本情况，如事件发生的原因、经过等；二是上报处置工作情况，如组织领导、应急处置、应急监测、舆情应对等情况；三是上报应急处置结果，如根据应急监测结果，何时污染物全线达标、终止应急响应，及调查处理情况、经验教训情况等；四是上报下一步工作，包括事件产生的污染物的处置监管、损害评估、调查处理、举一反三等情况。

突发环境事件损害评估和调查处理（责任追究）结果需要较长时间的，可完成终报后另报。

对突发环境事件信息，应当采用电话、传真、网络、邮寄和面呈等方式报告；情况紧急时，初报可通过电话报告，但应当及时补充书面报告。书面报告中应当载明突发环境事件报告单位、报告签发人、联系人及联系方式等内容，并尽可能提供地图、现场图片以及相关的多媒体资料。

5.4　信息报告模板参考

突发事件信息专报格式一般根据地方政府有关要求确定，或者由业务主管部门规定。图 5-2 为某省突发事件信息专报通用模板。

在实际工作中，结合信息专报通用模板的内容和格式要求，信息报告工作要求做到以下几点：

①对接报后初步判断是重大以上的、涉集中式饮用水水源地、涉敏感人群、涉重金属类金属、跨省（地市）的突发环境事件，以及涉石油化工企业安全生产、火灾事故消防部门救援可能引发次生突发环境事件的，各地收到报警信息后第一时间电话报告，初报按照范例 1 突发事件信息专报通用模板（初报）力争 30 min 内书面上报，续报按照范例 2 突发事件信息专报通用模板（初报）报告。

②对其他突发环境事件，初报按照有关规定要求和范例 2 突发事件信息专报通用模板（初报）进行书面报告；对初报情况掌握不全面的，在续报中完善。

③对预判当天可完成处置工作的突发环境事件，可用一个报告完成上报，参照范例 4 突发事件信息专报通用模板（终报）内容报告。

④初报时如已赶赴现场，附关键点位照片；续报附应急监测点位及断面图（调整的应急监测断面图）、从第一次开始连续的应急监测数据表、上一日与当日关键点位对比照片。

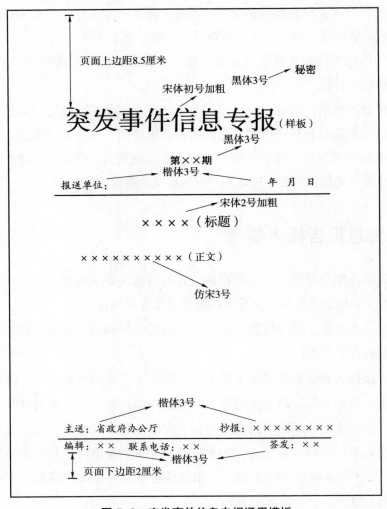

图 5-2　突发事件信息专报通用模板

范例 1

突发事件信息专报

〔2020〕第××期

报送单位：××市生态环境局   2020年×月×日×时×分

关于××公司××泄漏/火灾/爆炸事件/事故环境应急处置情况的初报

2020年×月×日×时×分，××区分局向我局报告/市应急管理局向我局通报/接省生态环境厅调度，××公司发生××泄漏/火灾/爆炸/交通事故，事故企业周边有××居民敏感点，下游有××河××江，××公里有××水厂取水口，事故已造成××人员伤亡，××污染（已出现的后果）。接报后，我局主要领导立即向市政府××市长报告，并带领市、区（县）环境应急、环境监测及××专家和××救援单位赶赴现场开展处置。事件可能影响跨界的××河，已将事件情况通报给××局（涉跨界的通报）。

后续情况我局将及时报告。

主送：××省生态环境厅，××市政府总值班室 抄报：××

编辑：张三× 联系电话：××（手机号）签发：××

范例 2

突发事件信息专报

〔2020〕第××期

报送单位：××市生态环境局   2020年×月×日×时×分

关于××公司××泄漏/火灾/爆炸事件/事故环境应急处置情况的初报

××年×月×日×时×分，××区分局向我局报告/市应急管理局向我局通报/接省生态环境厅调度，××公司发生××泄漏/火灾/爆炸/交通事故，××（已出现的后果）。接报后，我局高度重视，立即派遣市、区（县）环境应急、环境监测及××专家赶赴现场开展处置工作。现将有关情况报告如下：

一、基本情况

×月×日×时×分，××区（县）××公司×车间/仓库/装置发生××泄漏/火灾/爆炸等，初步判断为××（事件起因）。×车间/仓库/装置内有××物质××吨，其中含×%××物质××吨，车间人员已安全撤离，无人员伤亡/已造成×人死亡，泄漏××/含有××物质/消防废水等经××厂区雨水排放口排入厂区下游××排水渠/××河，××排水渠/××河经××公里汇入××江，××江有××县（区）水厂取水口/事发地下游无饮用水取水口/无集中式饮用水水源地，事发时风向××，事故企业周边××公里无大气敏感点/有大气敏感点（为××厂/××村），受

大气污染影响的 ×× 厂 / ×× 村已疏散撤离 ×× 人。

二、采取的措施

事件发生后，×× 县（区）政府及生态环境局 ×× 分局按照预案立即启动应急响应，×× 县（区）政府 ×× 带领应急管理、消防救援、生态环境等相关部门第一时间赶赴现场开展救援和污染防控工作。我局获悉情况后，立即派遣环境应急、环境监测及 ×× 专家赶赴现场指导处置工作。（下面可写：具体处置工作部署情况、污染物排查、筑坝拦截、围油栏拦截、下游关闸拦截、加药沉淀情况、使用吸油毡等情况。）同时，应急监测人员在事故企业周边及下游水体开展大气和水质应急监测。事件可能影响跨界的 ×× 河，已将事件情况通报给 ×× 局（涉跨界的通报）。

三、应急监测情况

在应急专家及 ×× 市监测站的指导下 / ×× 市应急监测人员制定了应急监测方案，在事故企业上下风向居民敏感点部署 ×× 个大气监测点位，在下游水体 ×× 渠 / ×× 河 / ×× 江设置 × 个监测断面，×× 小时采样监测一次。× 时监测结果显示：企业周边 × 个大气监测点位监测结果都达标 / 超标（× 因子超 × 倍）；地表水方面，×× 断面 ×× 物质达标 / 超标 × 倍（列出所有断面），评价标准为 ××。根据监测数据现场处置情况，初步研判污染风险总体可控 / 可能对 ×× 江造成影响 / 可能对水源地造成影响。

四、下一步工作

拟采取的措施以及请求支援的建议为 ××（写具体下一步要干的事情），后续情况我局将及时报告。

主送：×× 省生态环境厅，×× 市政府总值班室　　抄报：××

编辑：张三 ×　　联系电话：××（手机号）　　签发：××

附图

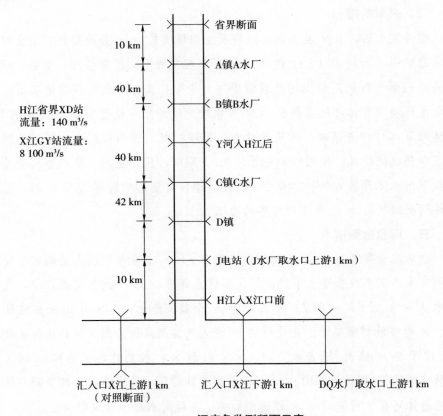

××××江应急监测断面示意

注：将每个断面距离、名称、经纬度坐标标出来，附事故点、关键部位、点位照片。关键点位是指事故点、所有拦截点、拦截防线、清理污染物位置等。

范例 3

突发事件信息专报

〔2020〕第 × × 期

报送单位：× × 市生态环境局　　2020 年 × 月 × 日 × 时 × 分

关于 × × 公司 × × 泄漏 / 火灾 / 爆炸事件 / 事故环境应急处置情况的续报一 / 二 × ×

事件发生后，我局指导 × × 县（区）政府及 × × 生态环境分局继续全力做好有关应对处置工作 / 在 × × 县（区）政府的统一领导下，生态环境分局继续全力做好有关应对处置工作，有关情况续报如下：

一、基本情况（如有新情况可补充，若无可略）

二、采取的措施

生态环境部 / × × 省生态环境厅获悉情况后高度重视，生态环境部 / × × 省生态环境厅 × 月 × 日 × × 带领应急工作组赶赴现场指导工作。市委书记 × ×、市长 × × 作出指示批示，要求采取 × × × 措施，落实 × × × 工作，按照预案成立应急处置组、污染物排查组、应急监测组、× ×；× × 副市长 / 县（区）长已赶赴现场指挥处置工作。× × 副市长 / 县（区）长 / 局长 × 月 × 日召集应急管理、消防救援、生态环境、住建、水务等相关部门及专家召开了处置工作会商会，× × 汇报了目前应急处置工作情况，一是 ×，二是 ×，会议要求 × ×，按照会商会及专家意见（若未开会，不写此句），具体处置工作情况如下：生态环境局制定了 × × 事件应急处置工作方案，组织×个组开展污染物排查巡查，严密监控污染态势，××单位在××位置进行筑坝/使用围油栏拦截/使用活性炭拦截，下游关闸拦截，××单位放水稀释，××单位加药沉淀、使用吸油毡，××单位清理转运污染物等，政府信息发布情况××，网上舆情管控情况××。（处置过程中生态环境局及时收集汇总政府及各部门工作情况，重点写生态环境部门开展的工作。）

三、应急监测情况

在××省监测中心/市监测站及应急专家的指导下，应急监测人员调整了应急监测方案，在原应急监测方案的基础上大气增加/减少了××监测点位，在下游水体××渠/××河/××江增加/减少××监测断面，采样频次为××小时×次。×月×日×时监测结果显示：企业周边×个大气监测点位监测结果都达标/超标（×因子超×倍）；地表水方面，××断面××物质达标/超标×倍（列出所有断面）；大气、水评价标准为××。根据监测数据现场处置情况，经专家研判，目前污染物控制在××河/××江，不会对下游××河/××江造成影响/污染物大部分控制在××河/××江、可能对××河/××江造成影响。

四、下一步工作

拟采取的措施为××（写具体下一步要干的事情），后续情况我局/分局将及时报告。

主送：××省生态环境厅，××市政府总值班室　抄报：××

编辑：张三×　联系电话：××（手机号）　签发：××

　　附件可放以下内容：

（1）应急监测点位及断面图或调整的应急监测断面图；

（2）从第一次开始连续的应急监测数据表；

（3）上一日与当日关键点位对比照片，注意每一个关键点位标明位置日期，如下图例子为某市高速路交通事故二甲苯泄漏事件同一关键点位对比照片。

第一道防线（9月4日）　　　　　　第一道防线（9月5日）

范例 4

突发事件信息专报

〔2020〕第 ×× 期

报送单位：×× 市生态环境局　　2020 年 × 月 × 日 × 时 × 分

关于 ×× 公司 ×× 泄漏 / 火灾 / 爆炸事件 / 事故环境应急处置情况的终报

2020 年 × 月 × 日 × 时 × 分，×× 公司发生 ×× 泄漏 / 火灾 / 爆炸事件。事件发生后，生态环境部 / ×× 省委、省政府 / ×× 市委、市政府高度重视，生态环境部 / ×× 省生态环境厅派出应急工作组赶赴现场指导处置工作（若有此情况可写），×× 市政府 ×× 领导等赴现场指挥，我局会同相关部门积极采取有效措施，自 × 月 × 日 × 时起 ×× 渠 / ×× 河 ×× 污染物（污染因子）浓度全线达标，事件已得到妥善处置，确保了 ×× 河 / ×× 江水质安全，现将有关情况终报如下：

一、事件基本情况

×× 公司位于 × 市 × 县 ××。× 月 × 日 × 时 × 分，×× 公司 × 车间 / 仓库 / 装置 ×× 由于 ××（事件起因）发生泄漏 / 火灾 / 爆炸等，× 车间 / 仓库 / 装置内有 ×× 物质 ×× 吨，其中含 ×%×× 物质 ×× 吨，车间人员已安全撤离，无人员伤亡 / 已造成 × 人死亡，× 日 × 时 × 分左右明火被扑灭。事故企业周边 ×× 公里无大气敏感点 / 有大气敏感点（为 ×× 厂 / ×× 村），受大气污染影响的 ×× 厂 / ×× 村已疏散撤离 ×× 人。泄

漏 ×× / 含有 ×× 物质 / 消防废水等经 ×× 厂区雨水排放口排入厂区下游
×× 排水渠 / ×× 河，×× 排水渠 / ×× 河经 ×× 公里汇入 ×× 江，××
江有 ×× 县（区）水厂取水口 / 事发地下游无饮用水取水口 / 无集中式饮用
水水源地，事故 / 事件产生的大气污染物因子主要是 ××，水污染物因子主
要是 ××。（注：在初报或续报基础上核实事件基本情况）

二、处置工作情况

（一）（组织领导情况、上级部门赶赴现场情况、应急响应情况）事件发
生后，×× 市政府按照 ×× 预案立即启动应急响应，×× 市副市长 ×× 第
一时间赶赴事故现场组织、指挥应急处置工作，成立现场 ×× 应急处置指挥
部，调集 ×× 区政府和市、区两级应急管理、水利、公安、生态环境、卫生
健康等部门力量，设立现场 ×× 组 × 个工作小组，统筹指挥事件处置工作。
× 月 × 日，生态环境部 / ×× 省生态环境厅获悉情况后，派遣 ×× 组成应
急工作组赶赴现场指导处置。我局接报后，局主要领导高度重视，立即派遣
环境应急、环境监测及 ×× 专家赶赴现场指导处置。我局应急人员会同生态
环境部 / ×× 省生态环境厅应急工作组勘察现场 / ××，组织当地相关部门召
开处置会商会，对快速控制污染、消除隐患提供了决策支持。部、省、市环
境应急人员多次召开工作会商会，研判环境应急处置工作。

（二）（具体的污染处置工作情况）在生态环境部 / ×× 省生态环境厅
应急工作组的指导下，制定了应急处置工作方案。一是在源头迅速堵截外排
废水。组织 ××。二是采取物理隔离。× 日 × 时 × 分关闭 ×× 闸，设置
×× 围堰，设置围油栏 ××。三是加药沉淀污染物 / 使用吸油毡 ×××。四
是转运 ×× 到 ××；出动应急车辆 × 辆次、应急人员 × 人次。舆情应对
和信息公开等情况为 ××（每个事件处置措施各不相同，具体如何做的就如
何写）。

（三）（应急监测情况）在生态环境部 / ×× 省生态环境厅应急工作组的
指导下，省、市、区三级环境监测机构迅速响应，积极开展应急监测，制定
了应急监测方案。处置过程中应急监测方案调整 × 次，在 ×× 河 / ×× 江
共布设 ×× 个监测断面，在企业周边敏感区共布设 × 个环境空气监测点位；

共出动 × 采样人次、× 采样车次，共采集 × 个环境空气样品，出具 × 个有效环境空气数据；共采集 × 个地表水样品，出具 × 个地表水有效数据。

三、应急处置结果

监测结果显示，环境空气方面，× 月 × 日 × 时起，× × 污染因子浓度达标。水质方面，自 × 月 × 日 × 时起，× × 河 / × × 江各断面 × × 污染物浓度全线达标。事件得到妥善处置，确保了 × × 河 / × × 江水质安全。鉴于 × × 河 / × × 江各断面 × × 污染物浓度全线达标，污染隐患已消除，应急指挥部决定 × 月 × 日 × 时终止应急响应。

四、下一步工作

督促指导涉事企业做好厂区事故消防废水的处置，确保废水达标排放，妥善处置事故产生的危险废物。（事件调查、事后恢复、损害评估、收尾等相关工作。）

主送：× × 省生态环境厅，× × 市政府总值班室　抄报：× ×

编辑：张三 ×　联系电话：× ×（手机号）　签发：× ×

5.5　常见问题

5.5.1　迟报

5.5.1.1　涉及水源地污染未及时报告

（1）2016 年华东某省 Y 市 S 县饮用水污染事件

事件初期，Y 市 S 县群众反映，家中自来水呈浑浊状并伴有异味。S 县环境保护部门初步判断系上游企业偷排废水污染水源地所致。12 月 15 日，S 县部分群众到 S 县人民政府反映自来水异味情况。事件中，当地环境保护部门未按要求在规定期限内报告，信息报送迟滞、被动。

（2）2017 年华东某省 T 市某化工有限责任公司燃爆事故次生突发环境事件

T 市某化工有限责任公司距长江约 1 km，离市中心约 4 km。事故处置过程中产生的约 180 t 消防废水通过雨水口外排至排污沟 A，经水泵输送至 B 河流，从 B 河流进入长江。排污沟 A 入江排口下游 2 570 m 为 T 市第一水厂、第二水厂取水口，取水口下游 628 m 为 B 河流入江排口。该事件威胁 T 市饮用水水源地，但当地环境保护部门未第一时间向省级环境保护部门报告事件信息。

5.5.1.2　涉及跨省界污染未及时报告

（1）2020 年西南某省 Z 市柴油泄漏事故次生突发环境事件

获知事件信息后，Z 市生态环境局 T 分局于当日 7 时 17 分向相邻省份的地市生态环境局通报事件信息，于当日 8 时 22 分向 Z 市生态环境局报告，但 Z 市生态环境局及 T 分局均未向生态环境部报告。当日 9 时 11 分该省生态环境厅接报后，直至次日 12 时 40 分向生态环境部应急办电话初报，迟报信息近 30 h。

（2）2014 年华中某省 E 市 J 县某矿业有限公司致邻省水库污染事件

华中某省 E 市 J 县从初步确定跨省污染到上报省厅，迟报 5 h，而且未按规定同时上报环境保护部。

5.5.1.3 地方人民政府已经报告，地方生态环境部门未及时报告

（1）2020年西北某省Y市J县输油管线泄漏事故次生突发环境事件

该省人民政府已向国办上报事件信息情况，但该省生态环境厅未及时向生态环境部报告。

（2）2019年西北某省A市B县水体污染事件

该省人民政府在接到A市人民政府事件信息报告后便向国办进行了报告，而A市生态环境部门未及时向该省生态环境厅报告。

案例点评：《突发环境事件信息报告办法》第三条规定，对初步认定为一般（Ⅳ级）或者较大（Ⅲ级）突发环境事件的，事件发生地设区的市级或者县级人民政府环境保护主管部门应当在4 h内向本级人民政府和上一级人民政府环境保护主管部门报告。对初步认定为重大（Ⅱ级）或者特别重大（Ⅰ级）突发环境事件的，事件发生地设区的市级或者县级人民政府环境保护主管部门应当在2 h内向本级人民政府和省级人民政府环境保护主管部门报告，同时上报环境保护部。在2016年华东某省Y市S县饮用水污染事件案例中，县级饮用水水源地受到污染，自来水出现异常，而且出现群众聚集反映现象，无论是受影响地区还是污染来源地区，都应高度重视，按照重大（Ⅱ级）以上突发环境事件迅速上报。2017年T市化工燃爆事故次生突发环境事件案例中，虽未污染饮用水水源地，但事发企业位置敏感，污染物传输通道复杂，稍有不慎，污染物就可能进入饮用水水源地。对此类事件也应高度警惕，迅速向上级部门报告。对于在事故初期即可判断造成或可能造成跨省界污染，将达到重大（Ⅱ级）以上级别突发环境事件的，需要迅速上报。另外，在信息报告中，地方人民政府逐级报告突发环境事件信息，但生态环境系统的报告出现断点，形成"信息逆流"，影响生态环境系统上下协同应对。

5.5.2 漏报

（1）2020年西南某省P市柴油罐泄漏事故次生突发环境事件

2020年某日14时左右，P市某物流有限公司卸车时，柴油从油罐与加油机连接管路弯头泄漏。泄漏柴油进入某渠，影响S市水厂、D市水厂水源地。

但 D 市生态环境局在报告信息时未报告 S 市水厂饮用水水源地受影响情况。

案例点评：《突发环境事件信息报告办法》第十三条规定，初报应当报告突发环境事件的发生时间、地点、信息来源、事件起因和性质、基本过程、主要污染物和数量、监测数据、人员受害情况、饮用水水源地等环境敏感点受影响情况、事件发展趋势、处置情况、拟采取的措施以及下一步工作建议等初步情况，并提供可能受到突发环境事件影响的环境敏感点的分布示意图。在上述案例中，泄漏柴油形成的污染带沿饮用水渠向下移动，先经过 S 市水厂，再经过 D 市水厂。S 市水厂受影响情况也应纳入信息报告范围。

5.5.3　瞒报

5.5.3.1　涉事企业未报事件信息

（1）2018 年西北某省 H 市某工业园有毒有害气体泄漏事故次生突发环境事件

涉事企业发现气体泄漏问题后，始终未将有关情况上报当地人民政府。17 h 后，H 市环境保护局接到群众举报电话反映该工业园气味难闻、部分村民出现身体不适状况，才获悉事件信息。

5.5.3.2　涉事企业瞒报现场情况

（1）2018 年华南某省 Q 市某化工实业有限公司化学品泄漏事故次生突发环境事件

事故发生后，该企业订立攻守同盟协议，对外瞒报泄漏量。之后又掩盖前一日装船前管道处于满管状态的事实，少报管内物料存余量，同时，还将一车泄漏化学品物料登记为未出事故的另一储罐，又少报泄漏量。调查认定，该公司实际泄漏量近 70 t。

案例点评：《突发环境事件应急管理办法》第二十三条规定，企业事业单位造成或者可能造成突发环境事件时，应当……及时通报可能受到危害的单位和居民，并向事发地县级以上环境保护主管部门报告。在 2018 年西北某省 H 市有毒有害气体泄漏事故次生突发环境事件案例中，涉事单位未在规定期限内报告事件信息。2018 年华南某省 Q 市化学品泄漏事故次生突发环境事件案例中的涉事企业相关责任人因犯谎报安全事故罪等，被依法判处 1 年 6 个月至 4 年 6 个月不等的有期徒刑。

5.5.4　通报不及时

（1）2012 年华北某省某化工集团苯胺泄漏事故引发突发环境事件

C 市环境保护局在事故发生后，未及时将事件信息通报下游 B 省 H 市和 N 省 A 市有关部门，B 省 H 市在河面漂浮有少量死鱼后开展监测才发现苯胺超标情况。

（2）2015 年西北某省某尾矿库泄漏事故次生突发环境事件

事件发生后，X 县环境保护局在接到事件信息后未向下游 K 县、C 县通报，在向 L 市环境保护局报告后也未及时通报。

案例点评：《突发环境事件信息报告办法》第八条和《突发环境事件应急管理办法》第二十五条规定，突发环境事件已经或者可能涉及相邻行政区域的，事件发生地环境保护主管部门应当及时通报相邻区域同级人民政府环境保护主管部门，并向本级人民政府提出向相邻区域人民政府通报的建议。上述案例中，部分地区未能及时、全面履行通报义务，导致污染态势研判和决策受到严重影响。

5.5.5　误报

（1）2020 年华南某省 J 市某高速危化品车辆交通事故次生突发环境事件

在某高速 J 市段，一辆装载天然气的重型半挂牵引车与同向行驶的一辆装载苯酚的重型半挂牵引车发生追尾事故，造成 1.1 t 天然气泄漏、28.94 t 苯酚全部泄漏，泄漏的苯酚沿着高速公路流入某河段下游沟渠。当地生态环境部门向上级电话初报时，报称事故现场苯酚"滴漏"，风险可控。

案例点评：当地生态环境部门有关人员第一时间到达现场后，听信消防救援等部门反映的苯酚罐车"滴漏"信息，误以为苯酚泄漏量较少，因此未对事故现场及周边环境状况进行深入分析研判，未能对事故点下游水体认真开展排查巡查，未及时发现苯酚泄漏污染状况，直到当日下午才发现苯酚全部泄漏。

5.6　信息公开

《中华人民共和国政府信息公开条例》第三章第十九条规定"对涉及公众利益调整、需要公众广泛知晓或者需要公众参与决策的政府信息，行政机关应当主动公开"，第二十条第十二款要求"突发公共事件的应急预案、预警信息及应对情况"为主动公开的信息类别之一，因此，生态环境部门有责任和义务主动公开突发环境事件应对情况。

做好信息公开工作，应该始终秉持"及时、客观、准确、有效"的原则，始终坚持"公开为常态，不公开为例外""大事瞒不住，小事不用瞒"的工作思路。2016 年，国务院办公厅印发了《〈关于全面推进政务公开工作的意见〉实施细则》。对涉及特别重大、重大突发事件的政务舆情，要快速反应，最迟要在 5 h 内发布权威信息，在 24 h 内举行新闻发布会，并根据工作进展情况，持续发布权威信息，有关地方和部门主要负责人要带头主动发声。上述细则一般被称作"5·24"要求。近年来，国家和地方突发环境事件的信息报告工作都一再强调务必落实"5·24"要求，主动回应社会公众关切，避免因信息公布不及时而导致更严重的舆情和社会群体性事件发生。

5.7　完善信息报告工作的建议

5.7.1　加强信息报告的责任感

及时准确报告突发环境事件信息是快速有效处置各类突发环境事件和上级准确决策的前提，各级生态环境部门要充分认识环境安全形势的严峻性和复杂性，从维护环境安全和保障人民群众生命财产安全的大局出发，坚决克服麻痹思想和侥幸心理，以大概率思维应对小概率事件，做到"宁可信其有，不可信其无""宁可信其大，不可信其小"，加强信息报告的组织领导，时刻保持高度敏感性，把信息报告摆在突发环境事件应对的突出位置，切实抓好、抓细、抓实。

5.7.2　提高信息报告的时效性

各级生态环境部门要进一步强化突发环境事件信息报告意识，对初步判断属较大以上和涉集中式饮用水水源地、涉敏感人群、涉重金属污染、跨省市等的突发环境事件以及重大活动、重大节假日期间发生的突发环境事件，原则上在接报后 30 min 内向上级人民政府及生态环境部门做电话报告，并立即组织人员赶赴现场调查处理，在初步掌握事件情况后按要求书面上报。强化一般突发环境事件信息调度反馈工作，情况不明的要及时赶赴现场核实，初步掌握事件情况后 30 min 内以电话形式进行反馈上报，并按有关要求书面反馈。

5.7.3　加强信息报告的纪律性

各级生态环境部门要建立信息报告工作制度，明确主要领导、分管领导、应急负责人的责任，落实现场处置人员和后方信息报送人员工作任务。健全部门信息互通机制，加强突发环境事件处置信息收集，规范报送程序，推行"扁平化"信息报告模式，减少中间审核环节，提高信息报告质量；对因迟报、谎报、瞒报、漏报突发环境事件信息而造成事件升级等后果的将按有关规定进行问责。

5.7.4　强化信息报告的规范性

各级生态环境部门要进一步规范信息报告内容，做到初报及时、续报准确、终报全面，报告内容要素完整、重点突出、表述准确、文字精练、事实清楚，能全面反映事件基本情况、处置情况、监测情况、舆情应对情况等。初报完成后要密切跟踪事件处置进展，按照"边处置、边核实、边报告"的要求，围绕事件处置的关切点，持续续报事件处置新进展、新情况。按照《突发环境事件信息报告办法》等细化信息报告内容。

第**6**章

突发环境事件应急监测

6.1 环境应急监测概述

6.1.1 环境应急监测的含义

应急监测是指突发环境事件发生后至应急响应终止前，对污染物、污染物浓度、污染范围及其变化趋势进行的监测。应急监测包括污染态势初步判别和跟踪监测两个阶段。污染态势初步判别是突发环境事件应急监测的第一阶段，指突发环境事件发生后，确定污染物种类、监测项目及污染范围的过程。跟踪监测是突发环境事件应急监测的第二阶段，指污染态势初步判别阶段后至应急响应终止前，开展的确定污染物浓度及其变化趋势的环境监测活动。

6.1.2 环境应急监测的基本要求

由于突发环境污染事故形式多样、发生突然、危害严重，为尽快采取有效措施遏制事态扩大，降低次生危害发生的风险，就必须做好应急监测工作。其基本要求主要有以下几点。

（1）及时

突发环境事件危害严重，社会影响较大，对事故处置的分秒延误都可能酿成更大的生态灾难，会导致社会不安定事件的发生，这就要求应急监测人员提早介入，及时开展工作、及时出具监测数据、及时为事故处置的正确决策提供依据。

（2）准确

现场应急监测任务的紧迫性要求监测工作在事故的开始阶段，准确报出定性监测结果以及准确查明造成事故的污染物种类；同时，要进行精确的定量检测，确定在不同源强、不同气象条件下，不同环境介质中污染物的浓度分布情况，为环境污染事件的准确分级提供直接的证据。这就要求对分析方法和监测仪器做出正确的选择，分析方法的选择性和抗干扰性要强，分析结果要直观、易判断且结果具有较好的再现性；监测仪器要轻便、易携，最好有较快速的扫描功能且具备较高的灵敏度和准确度。

（3）有代表性

由于事发突然、现场复杂，应急监测人员不可能在整个事件影响区域广泛布点，这就要求应急监测人员在现场选取最具代表性的监测点位，既能准确表征事故特征，又能为事件处置赢得时间。

6.1.3　环境应急监测的特点及作用

6.1.3.1　环境应急监测的特点

由于突发环境事件存在突然性、不可预见性、危害后果的严重性、形式和种类的多样性、应急处理处置和环境恢复的艰巨性等特点，监测时间、地点难以预先确定，监测对象的种类、数量、浓度及排放方式、排放途径等信息往往也难以预料。

应急监测工作包括日常应急监测和事件应急监测，在突发环境事件发生前、中、后不同时期进行监测，为事件的预警、防范及事件期间的应急响应处理和环境恢复提供科学的决策依据。

6.1.3.2　环境应急监测的作用

应急监测在突发环境事件中的基础和特殊地位直接决定了应急处置工作

的成功概率。通过环境应急监测，可以及时发布信息、以正视听，让人民群众满意，让政府放心。因此，环境应急监测也是一项严肃的、特殊的、重要的政治任务。

环境应急监测以迅速开展监测分析，准确判断污染物的来源、污染物的种类、污染物的浓度、污染程度、污染范围、发展趋势和可能产生的环境危害为核心，通过应急监测确定污染性质，提出个人防护要求；提供事件污染排放源的位置、规模等信息，提供事件现场污染控制、污染物清理和处理效果的相关信息。其目的是发现和查明环境污染状况，掌握污染的范围和程度及污染的变化趋势。应急监测主要作用有以下几个方面。

（1）对突发环境事件做出初步分析

由应急监测迅速获得污染事件的初步分析结果，可掌握污染物的种类、排放量、存在形态和排放浓度，结合气象条件、地理地质条件、水文条件等，预测污染物向周边环境扩散的区域和范围、扩散速率、有无复合型污染、污染物削减量、降解速率及污染物的理化特性（含残留毒性、挥发性）等。

（2）为应急处置提供技术支持

由于突发环境污染事件事发突然、后果严重，可根据现场初步分析结果，迅速、合理地制定应急处置措施，确保应急处置的有效性，降低事件的危害程度。

（3）跟踪事态发展

由于在特定的时间或空间，随着现场形势的变化，应急处置措施要适时进行调整，因此，连续、实时的应急监测对于判断事件对区域环境的延续性影响及事故处置措施的改进有着尤其重要的作用。

（4）为事件评价和事后恢复提供依据

通过对应急监测数据的分析，可以掌握污染事件的类型、等级等信息，为污染事件的事后评估提供重要的参考资料，并且可以为特定的突发环境事件事后恢复计划的制订和修订，持续提供翔实、充分的信息和数据。

6.2　应急监测工作流程

应对突发性环境污染事件时，生态环境监测部门必须遵照一定的工作流程，做到流程明了，过程清晰，工作不缺位、不越位，各环节配合流畅，为应急处置工作发挥良好的技术支撑作用。

应急监测工作的主要环节和流程为：企业、应急、交通等部门向属地生态环境部门通报突发环境事件，应急值班人员接到消息并尽可能了解详情后，立即向领导或相关职能部门报告，相关领导根据了解到的情况进行初步研判，确定是否报告上级部门和是否请求应急监测支援，并下达应急监测命令，生态环境监测部门收到应急监测任务后，立即启动应急监测预案、明确职责分工、赶赴现场并了解现场状况（现场勘查）、制定监测方案；进行现场采样与监测、样品分析、数据汇总、监测快报编制、应急监测终止建议提出、应急监测终止、应急监测工作复盘和总结、资料归档等。应急监测工作总体流程如图 6-1 所示。

6.3　应急监测方案

6.3.1　方案的组成

应急监测方案主要内容包括监测内容（监测项目、频次）、任务分工、监测布点及示意图、监测方法、评价标准、质量保证与控制等，监测方案应根据事件发展情况适时调整并简述调整原因，标注版次。

6.3.1.1　监测内容

监测内容主要包括各监测断面（点）名称及编号、监测的项目、频次、质控要求等，当情况复杂、涉及的任务量大并且有多家单位参与应急监测时，必须明确任务分工，在监测内容中增加任务分工相关内容。监测内容尽量以表格加布点图的方式进行展示，如表 6-1 所示。

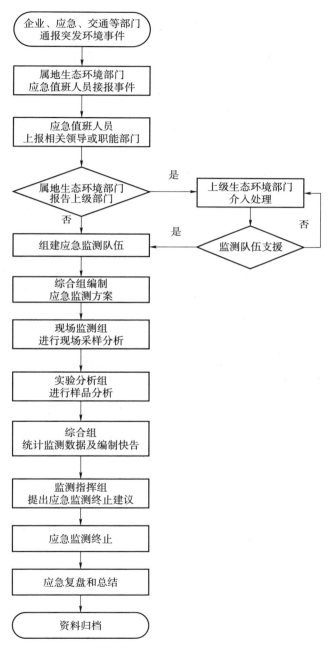

图 6-1　应急监测工作流程

表 6-1　监测内容

监测类别	编号	监测断面（点）名称	监测项目	监测频次	任务分工
大气环境					
地表水					

6.3.1.2　监测方法

按选定的监测项目结合应急仪器与实验室仪器使用情况，确定采样及分析方法。采样方法可以按大类明确，分析方法可按监测项目以表格形式列举，如表 6-2 所示。

表 6-2　监测方法

监测类别	监测项目	现场分析方法	实验室分析方法
大气环境			
地表水			
土壤			

6.3.1.3　评价标准

评价标准一般以列表的形式展示，需明确各项污染物的标准限值和标准出处，如使用参考标准，应予以注明，如表 6-3 所示。

表 6-3　评价标准

污染类别	项目	评价标准	标准限值
大气环境污染			
地表水环境污染			
土壤环境污染			

6.3.1.4　质量保证与质量控制

应急监测方案应从样品的采集、保存、运输、分析，仪器设备、人员要求等多方面明确质量保证与控制措施。

6.3.2　监测布点

采样断面（点）的设置一般以突发环境事件发生地及附近区域为主，同时必须注意人群和生活环境等敏感区域，重点关注对饮用水水源地、人群活动区域的空气、农田土壤等环境的影响，合理设置监测断面（点），以掌握污染发生地实时状况、准确反映事件发生区域环境的污染程度和范围。

对被突发环境事件所污染的地表水、大气和土壤应设置对照断面（点）、控制断面（点），对地表水还应设置消减断面（点），尽可能以最少的断面（点）获取足够的、有代表性的信息，同时须考虑采样的可行性和便利性。

6.3.2.1 地表水监测布点

（1）江河

①事件点：视情况在事件发生地污染物进入地表水前设置监测点，以便直接掌握事件中涉及的污染物类型和浓度。

②对照断面（点）：在受事件污染物影响的地表水（河流、水库、河涌等）上游一定距离处布设 1 个对照断面（点），以掌握未受污染事件影响时的背景浓度。

③控制断面（点）：根据实际情况，在事发地下游一定范围设控制断面（点），以监控污染物浓度的变化趋势。控制断面（点）布设以了解污染物分布、移动情况为目的，对于水流速度小、长度短的河涌、小溪型地表水突发环境事件，可适当缩短断面（点）间距，对于水流速度快、长度长的河流型突发环境事件，可适当延长断面（点）间距。

④消减断面（点）：在受污染水体内流经一定距离后达到最大限度的混合，污染物被稀释、降解，其主要污染物浓度有明显降低的断面（点）。

⑤敏感断面（点）：在事件影响区域内饮用水取水口、农灌区取水口等敏感处设置采样断面（点）。

江河地表水监测布点如图 6-2 所示。

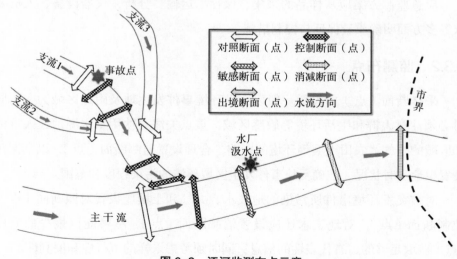

图6-2　江河监测布点示意

（2）湖库

①出入湖断面（点）：在湖库的入口及出口应进行布点监测，如污染发生在湖库内，则入口可作为对照断面（点）。

②控制断面：在湖库内事发点附近不同水流方向上设置多个控制断面（点），以监控污染物浓度的变化趋势。

③消减断面（点）：最大限度地混合，污染物受到稀释、降解，其主要污染物浓度有明显降低的断面（点）。湖库的消减断面（点）一般以圆形或扇形布点。

④敏感断面：在事件影响区域内饮用水取水口、农灌区取水口等敏感区域设置采样断面（点）。

湖库监测布点如图 6-3 所示。

对于河流和湖库，有以下情况还应进行加密监测、布设加密监测点位：一是为进一步了解污染团（带）分布情况；二是在河流或湖库设置了处理处置断面（截污坝、活性炭坝等），须在该断面前后布点监测，了解处理效果和达标情况；三是应急指挥部要求的其他状况。

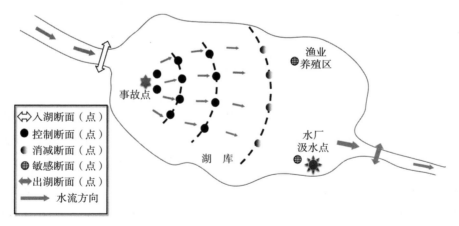

图 6-3　湖库监测布点示意

（3）池塘

如在池塘发生污染事件，池塘为不流动水，可采用梅花、对角线、蛇行或棋盘布点法进行布点监测，布点数量可根据池塘面积大小、污染物性质确定，如图 6-4 所示。流动水池可参考湖库布点监测。

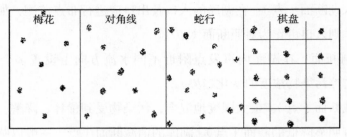

图 6-4　池塘监测布点示意

6.3.2.2　环境空气监测布点

（1）参照点

在上风向未受事件影响的区域设置参照点，掌握未受事件影响时的背景浓度。

（2）事发点

对于点源污染事件（如涉事区域半径＜50 m），视情况在事件点周围安全区域设置 2～3 个监测点；对于面源污染事件（如涉事区域半径＞500 m），视情况在事件现场安全区域内进行流动巡测。

（3）敏感点

在可能受污染影响的居民住宅区或人群活动区等敏感区域设置监测点。

（4）下风向

①扇形布点法：适用于主导风向比较明显（风速大于 0.5 m/s）的情况。布点时，以事件所在位置为圆点，以主导风向为轴线，在气体泄漏的下风向地面上划出一扇形区域（应包括整个事件影响区）作为布点范围，该扇形区域的夹角一般控制在 90° 内，也可根据现场具体情况适当扩大。采样点就设在扇形平面内从点源引出的若干（一般 4 条左右）射线与不同距离（如 0.5 km、1 km、3 km、5 km）弧线的交点上，相邻两射线间的夹角一般取 10°～20°，如图 6-5 所示。

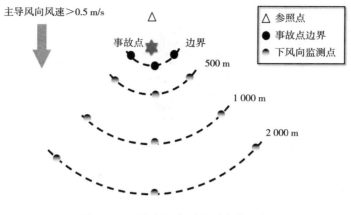

图 6-5 环境空气监测扇形布点示意

②圆形布点法：一般用于地面粗糙度小、风速低（小于 0.5 m/s）的情况。布点时，以事件点为圆心，在不同距离位置画 4~7 个同心圆，再从圆心引出 8~12 条射线，射线与同心圆的交点就是采样点的位置，如图 6-6 所示。

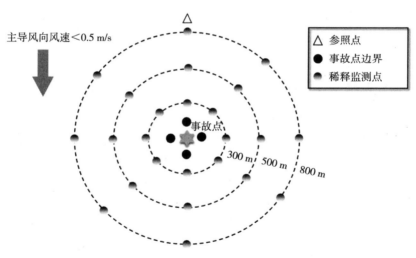

图 6-6 环境空气监测圆形布点示意

③圆形＋扇形布点：当事件区域范围较大时，可将圆形布点和扇形布点相结合，在事件区域内采取圆形布点，在事件区域下风向采取扇形布点，如图 6-7 所示。

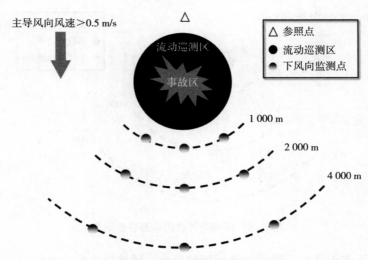

主导风向风速＞0.5 m/s

△ 参照点
● 流动巡测区
● 下风向监测点

流动巡测区
事故区

1 000 m
2 000 m
4 000 m

图 6-7　环境空气监测圆形＋扇形布点示意

6.3.2.3　土壤监测布点

（1）参照点

应在未受事件污染区域设定 2～3 个背景参照点。

（2）事件点

①固体抛撒污染型：在固体污染物抛撒污染现场，等清理现场后采集表层 5 cm 土样，采样点数不少于 3 个。

②液体倾翻污染型：液体污染物倾翻型污染事件中，污染物会向低洼处流动的同时，还向土壤深度方向渗透并向两侧横向扩散，每个点分层采样，事件发生点采样点较密，采样深度较深，离事件发生点相对远处采样点较疏，采样深度较浅。采样点不少于 5 个。

③爆炸污染型：以放射性同心圆方式布点，采样点不少于 5 个，爆炸中心采分层样，爆炸周围采表层土（0～20 cm）。

（3）敏感点

在可能受污染影响的农用地、居民点等敏感区域设置监测点。

6.3.3　监测项目

优先选择突发环境事件特征污染物作为监测项目。特征污染物一般是指事件中排放量较大或超标倍数较高、对生态环境有较大影响、可以表征事态发展的污染物。根据事件类型、污染源特征、生产工艺等并结合事件发生地周边环境本底值情况和应急监测初筛结果来确定特征污染物，必要时需增加监测指标或开展水质全分析监测。

对于已知污染物的突发环境事件，应根据已知污染物确定主要监测项目。同时应考虑该污染物在环境中可能产生的反应、衍生成其他有毒有害物质的情况。

对于固定源引发的突发环境事件，通过对引发突发环境事件固定源单位的有关人员（如管理、技术人员等）的调查询问，查阅环评报告、竣工验收监测报告、突发环境事件应急预案、危险废物转移联单，并对事发单位所用原辅材料、产品等进行调查，同时采集有代表性的污染源样品，确认主要污染物和监测项目。

对于流动源引发的突发环境事件，通过对有关人员（如货主、驾驶员、押运员等）的询问及查看运送物品的外包装、准运证、押运证等信息，同时采集有代表性的污染源样品，鉴定并确认主要污染物和监测项目。

对未知污染源产生的突发环境事件，则可通过以下方法确定主要污染物和监测项目。

①通过污染事件现场的一些特征，如气味、挥发性、遇水的反应特性、颜色及对周围环境、作物的影响等，初步确定主要污染物和监测项目。如发生人员或动物中毒事件，可根据中毒反应的特殊症状，初步确定主要污染物和监测项目。

②通过事件现场周围可能产生污染的排放源的生产、环保、安全记录，初步确定主要污染物和监测项目。

③利用空气自动监测站、水质自动监测站和污染源在线监测系统等现有仪器设备进行监测，确定主要污染物和监测项目。

④通过现场采样分析，包括采集有代表性的污染源样品，利用试纸、快速检测管和便携式监测仪器等现场快速分析手段，确定主要污染物和监测项目。

⑤通过采集样品，包括采集有代表性的污染源样品，送实验室分析后，确定主要污染物和监测项目。

⑥通过专家咨询，锁定监测项目。

涉及地表水污染时，如一时无法确定监测项目，可参考《地表水环境质量标准》（GB 3838—2002）中的表1、表2、表3开展筛选分析。

部分行业监测项目选择可参考《地表水和污水监测技术规范》（HJ /T 91—2002）中的表6-2开展筛选分析。

6.3.4　监测方法

突发环境事件现场应急监测方法应满足快速、准确、规范的基本要求。根据突发环境事件的类型、污染物种类和环境影响情况，综合考虑应急监测能力、现场监测条件以及监测方法优缺点，再根据不同应急阶段的监测需求，选择合适的监测方法。在满足环境应急处置需要的前提下，有多种应急监测方法可选时，应优先选择国家标准、行业标准及行业认可的监测方法，为突发环境事件的事后定性定级、司法鉴定以及环境损害评估等提供数据支撑，如有必要可留样送实验室分析。对于跨省突发环境事件，受影响地区应共同商定应急监测方法，确保监测数据互通互认；对多个环境监测队伍协同参与的突发环境事件应急监测，各监测方应选用经应急指挥部确定的应急监测方法。常见污染物应急监测方法如表6-4所示。

表6-4　推荐常见污染物应急监测方法

环境空气应急监测方法		
无机污染物	无机气体	电化学传感器法、便携式傅里叶红外仪法、检测管法
	汞蒸气	便携式测汞仪分析法

续表

环境空气应急监测方法		
有机污染物	甲醛	电化学传感器法、检测管法
	挥发性有机物	便携式气相色谱 - 质谱联用分析法、便携式气相色谱法、便携式傅里叶红外仪法、便携式 FID+PID 法、便携式红外成像分析法
水环境应急监测方法		
常规项目	pH	电极法、试纸法
	浊度	浊度计法、散射法
	电导率、溶解氧、氟化物、余氯	电极法、半定量比色卡法（氟化物、余氯）
	COD、氨氮、总磷、总氮、氰化物	便携式分光光度法、流动注射分光光度法、连续流动分光光度法、顺序注射比色法、半定量比色卡法、现场快速分光光度法
	硫化物、挥发酚、LAS	便携式比色法、半定量比色卡法、流动注射分光光度法、顺序注射比色法、连续流动分光光度法、气相分子吸收光谱法（硫化物）、现场快速分光光度法
金属（类金属）	铁、钴、镍、铜、锌、铅、镉、铬、锰、铍、银、铊、锑、铋、钼、钒、铝、钡、砷、硒、汞	车载电感耦合等离子体原子质谱法（ICP-MS）、车载电感耦合等离子体发射光谱法（ICP-OES）、便携式比色法、半定量比色卡法、顺序注射比色法、阳极溶出伏安法（铜、锌、铅、镉）、便携式分光光度法、便携式比色法、半定量比色卡法、顺序注射比色法（六价铬、铁、锰、镍、砷）、便携式原子荧光法（砷、汞、硒、锑、铋）、便携式测汞仪分析法（汞）
有机污染物	石油类	便携红外 / 紫外分光光度法
	挥发性有机物	便携式气相色谱 - 质谱联用分析法（顶空 / 吹扫捕集）、便携式气相色谱法
	半挥发性有机物	便携式气相色谱 - 质谱联用分析法（固相微萃取）、便携式气相色谱法

续表

水环境应急监测方法		
生物指标	生物综合毒性	发光细菌法
	粪大肠菌群	酶底物法
土壤、沉积物及固体废物应急监测方法		
金属及其化合物		便携 X- 荧光光谱法、车载电感耦合等离子体原子质谱法（ICP-MS）、车载电感耦合等离子体发射光谱法（ICP-OES）、便携式测汞仪分析法（汞）、便携式激光诱导击穿光谱法（LIBS）
挥发性有机污染物		便携式气相色谱 - 质谱联用分析法（顶空 / 吹扫捕集 / 固相微萃取）

6.3.5 监测频次

监测频次主要根据处置情况和污染物浓度变化态势确定。力求以最合理的监测频次，做到既具备代表性、能满足处置要求又切实可行。应急初期，控制点位原则上每 1～2 h 开展一次监测，各控制点位采样时间应保持一致，后期可视情况动态调整。其中，用于发布信息的点位原则上每天监测次数不少于 1 次。一般在应急监测频次设定方面可遵循以下原则，如表 6-5 所示。

表 6–5   应急监测频次

事件类型	监测点位	应急监测频次
地表水污染	事件点	视情况而定，主要考虑事件是否发生变化、污染物成分及浓度是否已确定
	对照断面（点）	初期可 8～12 h 监测 1 次（或涨落潮各 1 次），随污染物浓度下降逐渐降低监测频次，随其他监测断面（点）一同终止监测
	控制断面（点）	初期 1～2 h 监测 1 次，随污染物浓度下降逐渐降低监测频次，若全面达标，按照方案连续监测 3 次均达标后终止。有条件区域可以采用无人巡航监测船或载人监测船进行水质全时域监测
	敏感点等关键断面（点）	

续表

事件类型	监测点位	应急监测频次
地表水污染	消减断面（点）	初期 2~4 h 监测 1 次，随污染物浓度下降逐渐降低频次，若持续处于达标状态，可降低监测频次，随其他监测断面（点）一同终止监测
	附近水质自动监测站	在原有基础上提高监测频次，24 h 连续监测
大气污染	上风向参照点	初期 4~8 h 监测 1 次，随污染物浓度下降逐渐降低频次，随其他监测断面（点）一同终止监测
	事发点附近区域	污染初期 1~2 h 监测 1 次，有条件情况下，采用走航车进行实时监测。随污染物浓度下降逐渐降低监测频次，若全面达标，按照方案连续监测 3 次均达标后终止
	周边敏感点	
	事发地下风向	
	附近空气自动监测站	24 h 连续监测
土壤污染	背景点监测 1 次，一次性污染事件各监测点只监测 1 次，持续性污染事件各监测点每天监测 1 次，随着污染物被处置清除逐渐降低监测频次	

注：事故处置过程中，拦截坝中不流动水质监测可适当降低监测频次，可根据需要半天或一天监测 1 次。

6.3.6　评价标准

按应急监测评价对象，可分为环境质量标准和污染物排放标准。其中，环境质量标准适用于学校、医院、居民区等环境敏感点及自然生态环境区；污染物排放标准适用于企业排污口、厂界和污水暂存池等。国家标准、行业标准或地方标准未涵盖的污染物，可视情况参考卫生、安全等部门的相关标准和国外标准、国际标准。

6.3.6.1　环境质量标准

（1）空气质量评价

优先选用《环境空气质量标准》（GB 3095），学校、医院、居民区等敏感点可选用《室内空气质量标准》（GB/T 18883）。前述标准未涵盖的污染物，可参考《环境影响评价技术导则　大气环境》（HJ 2.2）中的附录 D，国家职业卫生标准《工作场所有害因素职业接触限值　第1部分：化学有害因素》（GBZ 2.1），或《民用建筑工程室内环境污染控制标准》（GB 50325）。其他污染物参考上风向或背景参照点进行评价。

（2）地表水质量评价

优先选用《地表水环境质量标准》（GB 3838）。前者未涵盖的污染物，可参考《生活饮用水卫生标准》（GB 5749）。其他污染物参考背景参照点进行评价。跨境河流（湖泊）应同时参考上下游国家（地区）的相关地表水环境质量标准进行评价；对于未划定功能区类别水体，参考《地表水环境质量标准》（GB 3838）V类标准限值对监测结果进行评价；非生活饮用地表水，补充项目和特定项目监测结果参考背景参照点结果评价或不做评价。

（3）土壤环境质量评价

根据土地利用类型，选择相关评价标准中的污染物标准限值，相关标准有《食用农产品产地环境质量评价标准》（HJ/T 332）、《温室蔬菜产地环境质量评价标准》（HJ/T 333）、《土壤环境质量　建设用地土壤污染风险管控标准（试行）》（GB 36600）、《土壤环境质量　农用地土壤污染风险管控标准（试行）》（GB 15618）。前述标准未涵盖的污染物，可参考背景参照点进行评价。

（4）地下水质量评价

相关标准为《地下水质量标准》（GB/T 14848）。未涵盖的污染物，可参考背景参照点进行评价。

6.3.6.2　污染物排放标准

（1）大气污染物无组织排放评价

优先执行污染物排放的地方标准和行业标准，前述标准未涵盖的，执行《大气污染物综合排放标准》（GB 16297）及《恶臭污染物排放标准》（GB 14554）。无相关评价标准的污染物，参考上风向背景参照点进行评价。

（2）水污染物排放评价

优先执行污染物排放的地方标准和行业标准，前述标准未涵盖的，执行《污水综合排放标准》（GB 8978）。

6.3.7　监测点位图

　　监测点位图主要内容包括事件发生地点、监测断面（点）名称及编号、点位间位置关系及距离、点位经纬度等内容，水质监测还应标注河流（水库）名称、水流方向及水文参数等，大气监测应标注风速风向、点位性质等内容。地表水监测点位绘制可参照图 6-8，采样点位示意图一般作为附件附在监测方案和监测报告中。采用走航车进行监测，在地理信息系统（GIS）中显示的污染物浓度渲染图一并作为附件附在监测报告中。监测断面（点）调整时也要及时更改示意图。

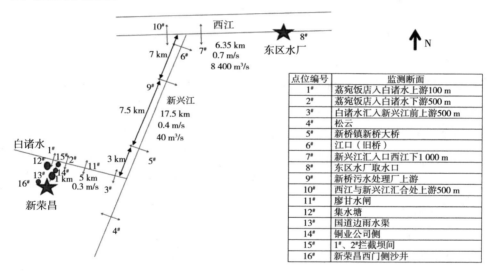

点位编号	监测断面
1#	荔宛饭店入白诸水上游100 m
2#	荔宛饭店入白诸水下游500 m
3#	白诸水汇入新兴江前上游500 m
4#	松云
5#	新桥镇新桥大桥
6#	江口（旧桥）
7#	新兴江入口西江下1 000 m
8#	东区水厂取水口
9#	新桥污水处理厂上游
10#	西江与新兴江汇合处上游500 m
11#	廖甘水闸
12#	集水塘
13#	国道边雨水渠
14#	铜业公司侧
15#	1#、2#拦截坝间
16#	新荣昌西门侧沙井

图 6-8　地表水监测断面（点）示意

6.4　采样分析

6.4.1　样品采集

6.4.1.1　人员配备

　　发生突发环境事件，应由监测指挥组第一时间调集本行政区域生态环境监测部门的人员开展监测工作，人员不足时可请求上级部门支援或协调社会环境监测机构进行补充，采样人员数量应确保可以昼夜轮换工作。水质采样、大气采样人员不交叉，每组采样人员负责点位数量适宜，完成采样立即送实验室分析。

对于重特大以上级别水环境应急监测，每个监测断面（点）配备2～4组采样人员，每组至少2人，每组至少配备1辆样品运输车。对于交通不便的采样断面（点），可根据实际情况适当增加采样人员及样品运输车辆。

6.4.1.2　采样准备与实施

（1）现场勘查

采样人员到达事故现场后，第一时间开展现场勘查，全面核实并掌握突发环境事件现状，包括污染源情况，环境敏感目标受影响及应对情况，应急处置工程措施选址、实施情况，水文、气象参数，适合的采样布点位置等。现场勘查人员须及时将勘查到的信息反馈给综合组监测方案编制人员。

（2）熟悉监测方案

现场监测组人员拿到监测方案后，应重点了解点位布设、监测频次及时间、采样方法、监测项目、采样人员及分工、现场分析项目、使用的仪器设备、质控措施等内容。

（3）采样器材准备

采样器材主要指采样器和样品容器，常见的器材材质及洗涤要求可参照相应的水、大气和土壤监测技术规范，有条件的应专门配备一套用于应急监测的采样设备。此外，还可以利用当地的水质自动在线监测设备或大气自动在线监测设备进行采样。

（4）采样方法及采样量的确定

①应急监测通常采集瞬时样品，采样量根据分析项目及分析方法确定，采样量还应满足留样要求。

②污染事件发生后，应首先采集污染源样品，注意采样的代表性。

③具体采样方法及采样量可参照相关的规范和标准。

（5）采样记录

在现场采样的同时，应按格式规范记录，保证样品信息完整，可充分利用常规例行监测表格进行规范记录。内容主要包括环境条件、分析项目、样品类型、监测断面（点）名称；根据需要并在可能的情况下，同时记录风向、风速、水流流向、流速等气象水文信息。同时，应急监测采样时，采样人员应拍照记录采样断面（点）经纬度位置、采样时间和周边情况等。

6.4.1.3 采样和现场监测的安全防护

进入突发环境事故现场的应急监测人员，必须注意自身的安全防护，对事故现场不熟悉、不能确认现场安全或不按规定佩戴必需的防护设备（如防护服、防毒呼吸器等），未经现场指挥及警戒人员许可，不应进入事故现场进行采样监测。

（1）采样和现场监测人员安全防护设备的准备

应根据当地的具体情况，配备必要的现场监测人员安全防护设备。常用装备分为以下几类：

①测爆仪，一氧化碳、硫化氢、氯化氢、氯气、氨等的现场测定仪等；

②防护服、防护手套、胶靴等防酸碱、防有机物渗透的各类防护用品；

③各类防毒面具、防毒呼吸器（带氧气呼吸器）及常用的解毒药品；

④防爆应急灯、醒目安全帽、带明显标志的小背心（或色彩鲜艳且有荧光反射物）、救生衣、防护安全带（绳）、呼救器等。

（2）采样和现场监测安全事项

①应急监测，至少两人及两人以上同行。

②进入事故现场进行采样监测，应经现场指挥或警戒人员许可，在确认安全的情况下，按规定佩戴必需的防护设备（如防护服、防毒呼吸器等）。

③进入易燃易爆事故现场的应急监测车辆应有防火、防爆安全装置，应使用防爆的现场应急监测仪器设备及其附件（如电源等）进行现场监测，或在确认安全的情况下使用现场应急监测仪器设备进行现场监测。

④进入水体或登高采样，应穿戴救生衣或佩戴防护安全带（绳）。

6.4.2　样品管理

样品管理的目的是保证样品的采集、保存、运输、接收、分析、处置工作有序进行，确保样品在传递过程中始终处于受控状态。

6.4.2.1　样品标志

样品应以一定的方法进行分类，可按环境要素或其他方法进行分类，并在样品标签、采样记录单上记录相应的唯一性标志。

样品标志至少应包含样品编号、采样地点、监测项目（如可能）、采样时间、采样人等信息。对有毒有害、易燃易爆样品，特别是污染源样品，应用特别标志（如图案、文字）加以注明。

6.4.2.2　样品保存

除现场测定项目外，对需送实验室进行分析的样品，应选择合适的存放容器和样品保存方法进行存放和保存。

根据不同样品的性状和监测项目，选择合适的容器存放样品。选择合适的样品保存剂和保存条件等样品保存方法，尽量避免样品在保存和运输过程中发生变化。对易燃易爆及有毒有害的应急样品，必须分类存放，保证安全。

6.4.2.3　样品的运送和交接

①对需送实验室进行分析的样品，应立即送实验室进行分析，尽可能缩短运输时间，避免样品在保存和运输过程中发生变化。

②对易挥发的化合物或高温不稳定的化合物样品，注意降温保存运输，在条件允许情况下可用车载冰箱或机制冰块降温保存，还可采用食用冰或大量深井水（湖水）、冰凉泉水等临时降温措施。

③样品运输前，应将样品容器内、外盖（塞）盖（塞）紧。

④样品交实验室时，双方应有交接手续，双方应核对样品编号、样品名称、样品数量、保存剂添加情况、采样时间、送样时间等信息，并根据监测

方案核对样品数量，确认无误后在送样单或接样单上签字。

⑤对有毒有害、易燃易爆或性状不明的应急监测样品，特别是污染源样品，送样人员在送实验室时应告知接样人员样品的危险性，接样人员同时向实验室人员说明样品的危险性，实验室分析人员在分析时应注意安全。

⑥实验室接样人员接收样品后，应立即将样品送至检测人员处以进行分析。若发现送样人员没有按时把样品送至实验室，应查找原因并及时向应急监测指挥组反映情况。

6.4.2.4　样品的处置

对应急监测样品，应留样至事故处理完毕。对含有剧毒或大量有毒有害化合物的样品，特别是污染源样品，不应随意处置，应进行无害化处理或送有资质的处理单位进行无害化处理。

6.4.3　样品分析

6.4.3.1　实验室设置

优先选择距离事故现场近的实验室，包括地市、县（区）、第三方和企业实验室，尽量在事故现场搭建临时实验室或使用移动应急监测车开展监测。对污染带长度超过 30 km 的河流型突发水环境事件，以事件发生地为起点，每隔 30～50 km 布设一个现场实验室或应急监测车，负责附近监测断面（点）的样品分析。

6.4.3.2　人员配备

每个实验室按照监测项目配备分析人员，每个监测项目配备 2～3 组人员，组员数量根据样品前处理和分析复杂程度确定。24 h 轮流值班。人员不足时，请求应急监测指挥组解决。

6.4.3.3　监测设备

在污染态势初步判别阶段，要求能快速鉴定污染物，并能给出定性、半定量或定量的检测结果，可使用直接读数、易于携带、使用方便、对样品的前处理要求低的设备。凡具备现场测定条件的监测项目，应尽量进行现场测定。用检测试纸、快速检测管和便携式监测仪器进行测定时，应至少连续平行测定两次，以确认现场测定结果；必要时，送实验室，用不同的分析方法对现场监测结果加以确认、鉴别。

在跟踪监测阶段，结合现场条件，优先选用相对准确的便携式或车载监测设备；对常规项目，优先采用现场便携或车载设备监测；对重金属项目，优先采用车载式电感耦合等离子体光谱仪监测；对挥发性有机物项目，优先采用便携式气相色谱－质谱联用仪监测污染物种类和浓度；对生物毒性项目，优先采用便携式生物毒性分析仪等。

使用实验室设备进行样品分析时，也要选择分析时间短、操作方便、准确可靠的仪器。

6.4.3.4　分析记录

可充分利用常规例行监测表格进行分析结果规范记录，主要包括样品编号、分析项目、分析方法、分析时间、样品类型、仪器名称、仪器型号、仪器编号、测定结果、分析人员、校核人员、审核人员签名等信息。除了有纸质版分析记录外，应向数据统计人员提供电子版记录，方便统计。

6.5　数据统计和评价

统计与评价方法包括对环境要素进行质量评价的各种数学模式、评价方法，以对监测数据资料进行剖析、解释，做出规律性的分析和评价。WPS 工作表或 Office Excel 是具有强大数据分析功能的办公软件。在应急监测中，主要利用以下功能来处理环境监测的实验数据。

6.5.1　数据统计计算功能

WPS 工作表或 Office Excel 中提供的公式和函数计算手段极大地提高了计算速度和准确度，解决了大量数据的复杂计算问题，节省了大量的时间。针对应急监测，主要可以利用"条件格式"突出显示已录入的数据中的超标数据。当录入的数据超过标准限值时，就会显示不同的颜色，也可以利用函数自动计算超标倍数。

6.5.2　图表制作功能

利用 WPS 工作表或 Office Excel，可以轻而易举地制作准确度高的污染趋势图等相关监测图表，利用图表向导可方便、灵活地完成图表制作，减少人为处理出现的误差。精心设计的图表更具直观性，对于污染源发展趋势比表格数据更明了，更有说服力。

6.5.2.1　污染趋势图的编制

制作较为简单的污染趋势图分为两种：一种是污染物浓度的点位（断面）变化趋势图，即同一时刻污染物浓度随点位（断面）变化的趋势图；另一种是关键点位（断面）污染物浓度的时间变化趋势图，即同一点位（断面）污染物浓度随时间变化的趋势图。

（1）污染物浓度的点位（断面）变化趋势图

污染物浓度的点位（断面）变化趋势图指的是在某一时刻，多个监测点位（断面）的污染物浓度值所构成的图形。通过这种变化趋势图，可以更加清楚地观察、研判当前时刻污染团所在位置及各监测点位（断面）污染物浓度所处水平，更好地了解污染物在空间上的变化情况，如图 6-9 所示。

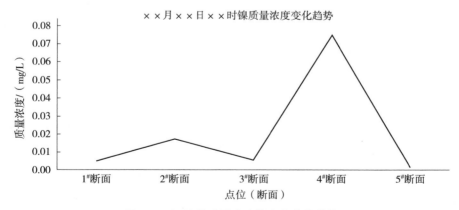

图 6-9　污染物质量浓度的点位变化趋势

（2）关键点位（断面）污染物浓度的时间变化趋势图

关键点位（断面）污染物浓度的时间变化趋势图指的是某一个或多个关键监测点位（断面）各自在一段时间的污染物浓度值所构成的图形，以便观察、研判污染团迁移变化情况，以及可以更好地说明污染物在时间上的变化情况，如图 6-10 所示。

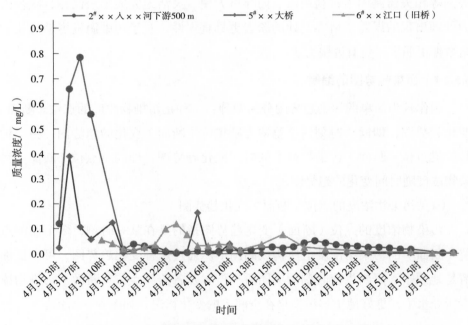

图 6-10　关键点位污染物质量浓度的时间变化趋势

另外，还可以通过时空变化趋势图法、峰值时间归一化法、峰值堆叠图形法、时间滚动－数据耦合模型法等对监测数据进行统计分析，研究监测点位（断面）、监测项目浓度变化趋势与应急处置效果等。

6.5.2.2　结果评价

对监测结果进行达标评价就是将监测结果与环境质量标准或排放标准进行比较，浓度低于标准限值即达标，浓度超过标准限值即超标。将监测结果减标准限值，再除以标准限值即得超标倍数。结果评价和超标情况都可以通过 WPS 工作表或 Office Excel 展现。

6.6　监测报告

应急监测报告主要是报告应急监测工作的开展情况和计划，分析监测数据和相关信息，判断特征污染物种类、污染团分布情况和迁移扩散趋势等，为环境应急事态研判和应对提出科学合理的参考建议。

6.6.1　应急监测报告结构和内容

应急监测报告总体上分为事件基本情况、监测工作开展情况、监测结论和建议以及监测报告附件等 4 个部分。应急监测的前期、中期、后期应注意把握各部分的重点。

6.6.1.1　事件基本情况

概述事发时间、地点、起因、事件性质、截至报告时的事态、已采取的处置措施以及可能受影响的敏感目标等。该部分内容主要由突发环境事件现场监测组提供，在编制报告时应注意以下几点：

①行文应清晰明了，重点说明事件起因、经过和对环境的影响。

②在应急监测前期，应急处置措施未完全落实，事态未完全控制时，该部分内容宜详述，有新的情况变化时，应在当期报告中补充完善。

③应急监测中后期，应急处置措施陆续落实到位，事态得到控制，该部分内容宜概述或省略，报告内容重点为污染变化趋势情况和相关意见建议。

6.6.1.2　监测工作情况

主要包括应急监测的行动过程和监测工作内容。

（1）监测行动过程

概述上期应急监测报告至当期应急监测报告期间的监测工作情况。首期应急监测报告应包括接到应急响应通知、到达现场开展踏勘、制定监测方案、启动首次监测等重要时间节点。

（2）监测工作内容

主要概述监测方案制定（调整）的监测点位（断面）、项目和频次，以及现场监测、采样和实验分析情况。详细的监测项目表和监测点位（断面）图等一般作为附件参阅。

6.6.1.3　监测结论和建议

（1）监测结论

编制截止当期应急监测报告时，根据特征污染物在各点位（断面）的浓度分布，并结合其他环境应急工作组提供的调查信息及水文气象参数等，分析污染团可能存在的位置和范围，预测污染扩散趋势和对敏感目标的影响等。若污染源未知，应推测导致事件的原因以及可能的污染源。重点论述超标点位（断面）和超标项目，正常点位和项目可简单概述，如"××等点位正常"。详细的监测数据表、污染物浓度的点位（断面）变化趋势图、关键点位（断面）污染物浓度的时间变化趋势图等一般作为附件参阅。

（2）工作建议

工作建议是根据监测数据和有关信息的综合研判，向环境应急指挥部提出的参考建议。若无相关建议，该部分可以省略。

6.6.1.4　监测报告附件

监测报告附件主要包括以下内容。

（1）污染趋势图

包括污染物浓度的点位（断面）变化趋势图和关键点位（断面）污染物浓度的时间变化趋势图等，趋势图中应有显示污染物是否达标或达到背景参照值的参考线。

（2）监测方法表

列出监测项目所用的现场监测方法及实验室分析方法。

（3）监测数据表

按时间顺序罗列截止当期应急监测报告，各点位（断面）的监测数据。表中应有特征污染物的标准限值和评价标准，若无国内外相关标准，可用背景参照值做参比。

（4）监测点位图（表）

包含当期应急监测报告所对应的监测点位（断面）、项目、频次等。根据事件的具体情况，监测点位图（表）可采用普通地图、卫星地图或示意图、框图等一种或多种形式来体现。

（5）监测现场照片

直观展示现场监测的工作情况，同时作为突发环境事件"一案一册"归档的影像资料。

（6）特征污染物相关信息

污染物理化性质、对人体和环境的危害、常见的化学反应方程式和应急处置方式等，通常只作为首期应急监测报告的附件。

发生地震、火山喷发等自然灾害，为评价环境质量和监控环境风险的开展，可参考上述内容编写应急监测报告。应急监测工作重点是饮用水水源地和环境风险排查。

6.6.2 常用术语

应急监测报告应注意行文的术语和措辞，尤其是对监测结果的分析和对事态的研判。

6.6.2.1 监测结果评价

应灵活运用表征术语和趋势术语进行监测结果分析与污染趋势预判。①表征术语："均""未""低于""高于""正常""超标""未检出""未见异常"等。②趋势术语："首次""持续""逐步""波动""上升""下降"等。表征术语和趋势术语可单独使用，也可以组合使用，如"均未检出""持续下降"等。

6.6.2.2 事件研判分析

当事态情况不明、尚未调查清楚时，对事件的研判应尽量使用"推测""可能""预计""初步判断"等非确定性的术语。如"初步判断上游××片区可能有电镀废水排入××河流""预计污染带前锋将于北京时间××抵

达 ×× 断面""预计 ×× 日，×× 断面 ×× 浓度可恢复至背景水平"等。对于显而易见的结论和判断，可以使用"表明""显示"等确定性术语。如"监测数据显示 ××""监测结果表明 ××"等。

6.6.3　报告格式

应急监测报告应规范字体和排版，总体上应遵循《党政机关公文格式》（GB/T 9704—2012）的相关要求。总结报告应遵循各环境监测机构的发文格式和程序规定。

6.7　质量保证

应急监测的质量保证及质量控制应覆盖突发环境事件应急监测全过程，重点关注方案中点位、项目、频次的设定，采样及现场监测，样品管理，实验室分析，数据处理和报告编制等关键环节。针对不同的突发环境事件类型和应急监测的不同阶段，应有不同的质量管理要求及质量控制措施。污染态势初步判别阶段质量控制重点在于快速与及时，跟踪监测阶段质量控制重点在于准确与全面。力求在最短的时间内，用最有效的方法获取最有用的监测数据和信息，既能满足应急工作的需要，又切实可行。

6.7.1　现场监测的质量保证和质量控制

采样与现场监测人员须具备相关经验，能切实掌握突发环境事件布点采样技术，熟知采样器具的使用和样品采集（富集）、固定、保存、运输条件。

对采样和现场监测仪器应进行日常的维护、保养，确保仪器设备保持正常状态，仪器离开实验室前应进行必要的检查。

应急监测时，允许使用便携式仪器和非标准监测分析方法，可采用自校准或标准样品测定等方式进行质量控制。用试纸、快速检测管和便携式监测仪器进行定性时，若结果为未检出，则可基本排除该污染物；若结果检出，则只能暂时判定为"疑是"，需再用不同原理的其他方法进行确认，若两种方法得出的结果较为一致，则结果可信，否则需继续核实或采样后送实验室分析确定。

采样的其他质量保证措施可参照相应的监测技术规范执行。

6.7.2　样品管理的质量保证

应保证样品从采集、保存、运输、分析到处置的全过程都有记录，确保样品管理处在受控状态。

在样品采集和运输过程中，应防止样品被污染及样品对环境造成污染。运输工具应合适，运输过程中应采取必要的防震、防雨、防尘、防爆等防护措施，以保证人员和样品的安全。

6.7.3　实验室分析的质量保证和质量控制

实验室分析人员须熟练掌握实验室相关分析仪器的操作使用和质控措施。

用于监测的各种计量器具要按有关规定定期检定（校准），并在检定（校准）周期内进行期间核查。对仪器设备应定期检查和维护保养，以保证其正常运转。

实验用水要符合分析方法的要求，试剂和实验辅助材料检验合格后方可投入使用。

实验室采购服务应选择合格的供应商。

实验室环境条件应满足分析方法的要求，需控制温度、湿度等条件的实验室要配备相应设备，监控并记录环境条件。

如需利用企业或非认证实验室开展样品测试，应通过比对实验、质控样测试等方法进行质控。

实验室质量保证和质量控制的具体措施参照相应的技术规范执行。

同时还应当注意便携式监测仪器定期检定 / 校准或核查，日常维护、保养及检测试纸、快速检测管等应按规定的保存要求进行保管，并保证在有效期内使用等质量保障过程。

6.7.4 应急监测报告的质量保证

监测报告信息要完整，详见第 5 章内容。

监测报告实行三级审核。

6.7.5 联合应急监测的质量保证及质量控制

对于跨省突发环境事件，受事件影响的上下游地区应共同商定应急监测方法，确保地区之间监测数据互通互认。对多个环境监测队伍协同参与的突发环境事件应急监测，各监测方应选用应急指挥部确定的统一的应急监测方法进行应急监测。

6.8 应急监测终止

6.8.1 应急监测终止条件和程序

6.8.1.1 应急监测终止条件

凡符合下列条件之一的，可向应急指挥部提出应急监测终止建议：

①最近一次监测方案中全部监测点位的连续 3 次监测结果达到评价标准或要求；

②最近一次监测方案中全部监测点位的连续 3 次监测结果均恢复到本底值或背景参照点位水平；

③其他认为可以终止的情形。

6.8.1.2 应急监测终止程序

监测总指挥根据需要，口头或书面向应急指挥部提出应急监测终止建议。应急指挥部经判断，认为可以终止应急监测并下达终止命令后，即可终止应急监测。

6.8.2　应急监测总结报告

应急监测工作结束后，应编写应急监测总结报告，总结应急监测工作情况，主要包含 4 个部分的内容。

①事件基本情况。主要阐述与环境影响有关的内容。对于自然灾害引发的应急监测，重点陈述应急监测期间发现的异常情况和处置处理措施。

②监测工作情况。以监测方案的变更为节点，总结应急监测启动到结束的总体情况，重点突出监测工作发挥的作用、得出的监测结论以及提出的工作建议，并对监测点位、出具监测数据、编制报告数量进行统计，如"截至××月××日，××站对××个地表水点位监测××次，累计出具监测数据××个，编制应急监测报告××期"。

③经验和不足。总结分析该次应急监测行动在组织管理、监测方法等方面的经验和教训，以及在监测技术和能力建设方面暴露的短板和不足，提出工作改进思路和建议。

④附件。主要包括综合性的图表、关键的数据汇总表、重要的现场照片等。

6.8.3　资料归档

突发环境事件应急监测完成后，由综合组统一将应急监测数据和相关资料进行汇总并整理归档，按照"层次分明、分类明确、便于检索"的工作原则，做好相关纸质版和电子版资料的规范管理，具体可参考以下管理方式。

6.8.3.1　存档目录管理

对突发环境事件应急监测工作单独建立文件夹，可参考"事件日期＋事件名称"的命名规则，如"20180817××事件"。该文件夹应下设监测方案、监测报告及其他相关资料的子文件夹。

6.8.3.2　监测报告命名

应规范应急监测报告文件命名，以便于后期查询和整理归档。对每期报告，可参考"编制日期＋事件名称＋报告期数"的命名规则，如

"20180819××事件－第3期"。对监测方案调整后的首期报告，应在该文件名末使用括号标注，如"20180903××事件－第17期（监测方案第3次调整）"。

6.8.3.3　附图附件命名

对监测点位图、现场监测照片及相关附件，可参照监测报告的命名方式归档整理。突发环境事件应急监测资料归档的其他要求可参考《生态环境档案管理规范　生态环境监测》（HJ 8.2—2020）。

6.9　常见问题

应急监测是一项技术性很强的工作，在实际操作过程中经常会出现一些问题。

6.9.1　监测点位布设不规范

（1）2017年华北某省Y市X县罐车侧翻致粗苯泄漏事故次生突发环境事件

存在问题：7个监测点位分别布设在事故点上游500 m、事故点，事故点下游500 m、16 km、60 km、87 km和116 km处，个别点位布设在死水区，造成监测数据失真，无法准确研判污染态势。

（2）2016年西北某省某国道柴油罐车泄漏事故次生突发环境事件

存在问题：事发地距离下游Y河42 km，距两国交界断面173 km。应急处置初期，在下游距离事故点3 km至107 km的河道内没有布设监测点位，只能根据水文数据估算污染物到达出境断面时间，无法为研判污染状况和趋势提供参考数据。

6.9.2　应急监测操作不规范

（1）2020年华南某省J市某高速危化品车辆交通事故次生突发环境事件

存在问题：河道县界附近的拦截坝下监测点位未做标识，采样人员轮换后，在坝上位置取样，造成监测数据出现异常。

（2）2018 年华中两省交界区域 L 河水质铊浓度超标事件

存在问题：华中某省 P 市环境监测站在前期监测过程中，存在工作曲线低浓度点选值偏高、设备供气方式对数据影响较大、线性类型选择不当等问题，导致与邻省监测结果相差一个数量级，若参照饮用水标准，即存在超标和达标的差别。

（3）2016 年西北某省 A 市某铅锌尾矿库选矿废水泄漏事故次生突发环境事件

存在问题：一是首次监测时未对样品进行前处理就直接进行分析，导致测定值偏高；二是原子荧光仪长时间未检查校准，灵敏度下降，导致测定值偏低；三是实验室环境受到污染，导致汞本底值较高。

6.9.3　应急监测不及时

（1）2017 年华东某省 T 市某化工有限责任公司燃爆事故次生突发环境事件

存在问题：事件发生 10 h 后，当地政府才在事发点下游布点开展水质监测，无法为污染态势研判提供充足的数据支撑。事发 17 h 后，当地政府才对事故点周边开展空气质量监测，且仅监测常规指标，未针对事故特征污染物指标开展监测。

第 7 章

突发环境事件应急处置常见技术方法

　　突发环境事件是一类随机性、突发性和紧急性的环境污染事件，一旦发生，往往会在短时间内给生态环境和人身安全造成严重的危害。与常规环境污染事件相比，突发环境事件的污染源种类更为多样化，发生事件的随机性、危害性、紧急性和持续性很强，处理难度大。针对突发环境事件的应急处置方法显得尤为重要，提升应急处置能力是降低事件所造成的生态和社会危害的重要保障。本章根据事件的污染要素，主要介绍了水环境、大气环境、土壤环境突发性污染事件的应急处置方法。

7.1　突发水环境事件应急处置常见技术方法

7.1.1　突发水环境事件分类

　　按照污染物性质分类，突发水环境事件主要可分为 4 类，包括有毒有机物污染事件、重金属污染事件、溢油污染事件、生物性污染事件（李青云等，2014）。

7.1.1.1　有毒有机物污染事件

　　（1）易分解有毒有机物

　　水环境中易分解有毒有机物主要包括挥发性酚、苯和醛等。酚及其化合物属于原生质有毒有机物，可在生物体内与细胞中的蛋白质发生化学反应，导致蛋白质变性，使细胞失去活性。低浓度酚能使细胞失活，并可深入内部组织，侵犯神经中枢、刺激骨髓，最终导致全身中毒；高浓度酚能使蛋白质凝固，引发生物体急性中毒，造成昏迷甚至死亡。

（2）难分解有毒有机物

难分解有毒有机物主要有有机氯农药、多氯联苯、多环芳烃等。

有机氯农药毒性大、化学性质稳定、残留时间长，因为易溶于脂肪、蓄积性强而在水生生物体内富集，在水生生物体内的浓度可达水中浓度的数十万倍，不仅严重影响水生生物的生存与繁衍，还可通过食物链危害人体健康。有机氯农药在国外早已被禁用，我国从 1983 年开始也已停止生产和限制使用。

多氯联苯（PCBs）是联苯分子中的一部分或全部氢被氯取代后所形成的各种异构体混合物的总称。PCBs 极难溶于水而易溶于脂肪和有机溶剂，并且极难分解，因而能够在生物体脂肪中大量富集，对皮肤、牙齿、神经行为、免疫功能、肝脏等均有影响，且具有生殖毒性和致畸性、致癌性。又因其化学性质稳定、耐热性高、绝缘性好、蒸气压低、难挥发等特性，其通常作为绝缘油、润滑油、添加剂等，被广泛应用于变压器、电容器及各种塑料、树脂、橡胶等工业，因此 PCBs 常伴随这些行业的工业废水而被排入水体。

多环芳烃（PAHs）是指两个或两个以上苯环连在一起的一类化合物，具有高脂溶性和相对低的水溶性，是一类重要的持久性有机污染物。随着其环数增加、化学结构变化，其挥发性降低、疏水性增强，同时电化学稳定性、持久性、抗生物降解能力和致癌性会增大。PAHs 存在生物积累效应，在自然界中的含量相当惊人，会对人体的呼吸系统、循环系统、神经系统造成损伤，对肝脏、肾脏等也会造成损害，被认定为影响人类健康的主要有机污染物。

7.1.1.2　重金属污染事件

重金属是指相对密度大于 5 g/cm³，在元素周期表中原子序数大于 20 的金属元素。在环境污染方面，一般是指汞、镉、铅以及"类金属"砷等生物毒性显著的重金属，对人体毒害最大的重金属有 5 种：铅、汞、砷、镉、铬。重金属进入水体后，只会发生价态和存在形式的变化，不能被降解，可通过食物链在生物体内富集，或被悬浮物吸附后沉入水底，储存在底泥中，一般水体底泥中的重金属含量会高于上层水面。此外，有些重金属无机物（如无机汞）还能通过微生物作用转化为毒性更大的重金属有机物（如有机汞）。1956 年轰动世界的日本水俣病事件就是因人类食入被有机汞污染的河水中的鱼类、贝类，引起以甲基汞为主的有机汞中毒。水俣病患者轻者口齿不清、步履蹒跚、面部痴呆、手足麻痹、感觉障碍、视觉丧失、震颤、手足变形，重症者精神失常，或酣睡，或兴奋，身体弯弓高叫，直至死亡。日本水俣病事件被称为世界八大公害事件之一。

镉非人体的必要元素。镉的毒性很大，可在人体内积蓄，主要积蓄在肾脏，引起泌尿系统的功能变化；镉能够干扰骨中的钙，如果人体长期摄入微量镉，人体骨骼中的钙会大量流失，导致出现骨质疏松、骨骼萎缩、关节疼痛等症状。1931 年发生于日本富山县的"痛痛病"则是当地居民长期饮用被镉污染的神通川流域的水、长期食用该流域水灌溉所生产的粮食所致。曾有一名当地患者，打了一个喷嚏，竟致使全身多处发生骨折。另一名当地患者最后全身骨折 73 处，身长缩短了 30 cm。"痛痛病"在日本造成 200 多人死亡。

7.1.1.3 溢油污染事件

随着社会经济迅猛发展，能源需求与日俱增，石油开采、输送和储存等活动日益频繁，致使溢油污染的发生概率大幅增长，对海洋环境的污染尤为严重，已引起全世界的高度重视（李照等，2020）。据统计，全世界每年流入海洋的石油高达数百万吨，不仅影响海水质量，更危害到海洋生物、海洋生态系统及人类的安全。石油进入海洋等水环境后，疏水性的石油烃在水面形成油膜，阻断大气与水体溶解性气体的交换和循环平衡，减少太阳辐射入水体的能量，破坏水生植物的光合作用与食物链传递平衡，导致水生态系统遭受到危害，直接或间接地影响人类的生存和可持续发展；另外，溢出的石油在水面发生光化学反应，产生的有害物质会对生物体造成毁灭性的伤害，并且会随着食物链及食物网的富集作用，最终影响人类的安全。

7.1.1.4　生物性污染事件

生物性污染指生物有机体造成的污染，如水华（赤潮）现象、病原微生物污染水体等。生物性污染与其他污染的不同之处在于污染物是活体生物，能够逐步适应新的生存环境，不断增殖并占据优势，从而危害其他生物的生存和人类的生活。

水华（在海洋中称为"赤潮"）现象是指在特定的环境条件下，水中某些浮游植物、原生动物或细菌暴发性增殖或高度聚集而引起水体变色的一种有害生态现象。富营养化是水华（赤潮）现象发生的物质基础和首要条件。水体富营养化使动植物残骸在水底腐烂沉积，在缺氧条件下经微生物作用产生硫化氢等有毒气体，导致水质不断恶化；同时，大量动植物有机体的产生及其自身残骸被分解，都会消耗水中的溶解氧，导致水体缺氧。分布于水体上层或表面的藻类等浮游植物种类逐渐减少，数量急剧增加，原本以硅藻和绿藻为主，转变为以蓝藻（不是鱼类的好饵料）为主，破坏了鱼类的饵料基础，从而破坏了正常的水生态结构。水华（赤潮）藻类体内或代谢产物中还有生物毒素，能够直接毒死鱼、虾、蟹等水生生物。淡水蓝藻所产生的微囊藻毒素对人类健康具有很大危害性，人类皮肤接触含微囊藻毒素的水体会引起敏感部位（如眼睛）和皮肤过敏；少量饮入会引起急性肠胃炎，长期饮用则通过干扰脂肪代谢（增加脂肪沉积），引起非酒精性脂肪肝，进一步诱发肝癌。1996 年，巴西发生了藻毒素毒性事件，7 个月内发现 100 多名急性肝功能障碍患者，至少 50 人死亡，该事件引起全世界的关注（陈志莉等，2017）。

病原微生物污染水体主要是含各种细菌、病毒等病原菌的工业废水和生活污水排入的水体。病原微生物污染特点是数量大、分布广、存活时间长、繁殖速度快、易产生抗药性，故很难灭绝。病原微生物污染水体具有致病性风险，一旦致病，容易引起暴发性流行。例如，1955 年印度新德里自来水厂的水源遭肝炎病毒污染，3 个月内发病人数高达 2.9 万余人（陈志莉等，2017）。

7.1.2 应急处置技术

7.1.2.1 有毒有机物污染事件

含有有毒有机污染物的废水对通常用于生化处理的微生物具有毒害和抑制作用，即具有生物毒性，因此难以采用微生物降解方法进行处理。目前，有毒有机污染物废水的应急处理方法主要包括吸附法和化学氧化法。

吸附法主要是利用多孔的强吸附性材料去除废水中的农药、多氯联苯、酚类等有毒有机污染物，使废水得到净化。传统的吸附材料主要是具有高比表面积的活性炭、黏土、沸石等，应用最广泛的当属活性炭，可应对 60 多种有毒有机污染物。活性炭分为粉末活性炭（PAC）及粒状活性炭（GAC）。2005 年松花江水污染事件城市供水应急处理中，形成了粉末活性炭吸附水源水硝基苯及处理水厂砂滤池新增粒状活性炭滤层双重安全屏障的应急处理工艺，处理后的硝基苯浓度满足水质标准。对于水源水农药类污染物，80 mg/L 的粉末活性炭最大可应急处理超标 26 倍的敌敌畏、超标 10 倍的敌百虫和超标 42 倍的百菌清，处理成本约为 0.1 元 /m³（唐雪惠等，2012）。

吸附法虽然可快速清除水体中的有毒有机污染物，具有工艺流程简单、操作管理方便、设备投资较小、占地面积少等优点，但仍然面临着诸多问题，如吸附材料多为颗粒状或者粉末状，将其直接投放于污染水域时存在不易回收的问题，容易造成二次污染。因此，吸附材料一般要被固定在编织网袋中，但是固定的方法单一，使得吸附材料紧密堆积，吸附材料与水体接触的比表面积减小，不仅降低了其去污效能，还会阻碍水体的流动。而且，吸附法只是简单地将污染物从液相转移到固相中，故有毒有机污染物并没有从根本上得到去除。

化学氧化法采用高锰酸钾、臭氧、氯气、次氯酸钠、过氧化氢等化学氧化剂将废水中有毒有机污染物去除。化学氧化法不仅能够打破有毒有机污染物的结构，将污染物从大分子结构降解为易于被微生物利用的小分子结构，在处理有毒有机污染物的同时还能改善废水的可生化性，提高 BOD_5/COD_{Cr} 比值（魏琳，2011）。高锰酸钾和臭氧具有很好的应急除酚效果，3 mg/L 的臭氧可使 0.2 mg/L 的苯酚原水沉淀后达标（0.002 mg/L），0.5 mg/L 的高锰酸钾可去除 50% 的苯酚。2007 年无锡自来水臭味事件处理过程中，科研人员在取水口投加高锰酸钾以氧化甲硫醇，同时在水处理厂絮凝池前投加粉末活性炭以吸附其他臭味物质及污染物，从而解决了自来水臭味问题。2015 年天津滨海新区爆炸事故中，对产生的大量含氰污染地表水，利用两段氯气氧化法工艺，处理后水体中氰化物浓度能够达到《污水综合排放标准》（GB 8978—1996）中的一级标准。

化学氧化法具有处理速度快、处理率较高等优点，能快速地降解废水中的有机物或提高废水的可生化性，但反应条件比较苛刻，运行费用高，主要表现为：芬顿（Fenton）试剂和臭氧氧化法药剂消耗量大，催化剂无法回收；湿式氧化法需要高温、高压设备，能耗大。同时，向水体中投加的化学药剂比较容易造成水体的二次污染，并且还要对残留的药剂做进一步处理。

7.1.2.2　重金属污染事件

目前，针对突发性重金属污染事件的应急处理方法主要是吸附法和化学沉淀法（郑彤等，2013）。

吸附法是利用吸附剂多孔性的独特结构吸附废水中的重金属物质，从而使污水得到净化。常用的吸附剂有活性炭、粉煤灰、黏土、硅藻土、膨润土、纳米二氧化硅、沸石、轻质氧化镁、活性氧化铝、硅胶、活性炭纤维、改性淀粉类吸附剂、改性纤维素类吸附剂、改性壳聚糖类吸附剂、改性木质素类吸附剂、大孔吸附树脂等（刘明华，2010）。吸附法工艺简单、效果稳定，尤其适用于大流量、低含量污染物的去除，成为应对重金属突发水污染事件首选的应急处理技术。吸附法已在重金属废水应急处置事件中得到了成功应用，如2009 年江苏邳苍分洪道砷污染事件中，砷质量浓度的最高峰值为 1.978 mg/L，超出地表水 III 类标准 38.6 倍，应急处理中采用了活性氧化铝吸附过滤法处理，搭建了三级吸附坝，结果表现出较好的处理效果（刘传松，2011）。

吸附法是目前可以将污染物从水中直接移除的主要方法，成功处理了国内多起突发性重金属污染事件，但在自然水体中，吸附法除存在固定后去污效能降低、回收困难等问题外，对于水大流急的污染事故现场，紧密堆积的吸附材料还会产生很大的流体阻力，对处理过程产生不利影响。此外，吸附材料与重金属形成的絮凝物会沉在水底并随推移质和悬移质一起继续迁移，通过水中食物链而成为二次污染源。

化学沉淀法是指通过投加的沉淀剂与水中重金属离子发生化学反应，使重金属生成金属氢氧化物或碳酸盐等沉淀形式，再通过铝盐、铁盐等絮凝及沉淀去除。常用的沉淀方法包括碱性沉淀法、硫化物沉淀法、组合或其他化学沉淀法等。碱性沉淀法是将水体的 pH 调到弱碱性，生成难溶的金属氢氧化物或碳酸盐；硫化物沉淀法是投加硫化钠等硫化物，生成难溶于水的金属硫化物；组合或其他化学沉淀法是指先通过氧化或还原，将重金属离子的价态转化成能够生成难溶化合物的离子价态，再进行化学沉淀（杜兆林，2012）。2005 年广东北江突发性镉污染事件应急处理过程中，应急人员采用切断污染源并投加碱性化学药剂和混凝剂来进行处理。首先切断污染来源，将原水 pH 调至 9 左右，使镉形成沉淀物，然后在弱碱性条件下进行混凝、沉淀、过滤处理，以矾花絮体吸附去除水中的镉，最后在滤池出水处加酸，把 pH 调回至 7.5～7.8，以满足生活饮用水的 pH 要求（张晓健，2006）。2012 年广东龙江河镉、砷河道污染事件应急处理过程中，采用了投药强化混凝沉淀来削减污染物。

化学沉淀法因操作简单、药剂来源较广泛，已被多次应用到重特大水体突发重金属污染事件应急处置中。但该方法具有很大的局限性，适合于污水处理厂水中重金属的应急去除，针对自然水体调节 pH 不切实际，向水体中添加酸、碱会造成水体二次污染，加剧水污染严重程度。混凝沉淀必须把污染水域隔离开，混凝沉淀物的回收及混凝沉淀后水体的后续处理工作等都十分繁琐，对于流动水体，该方法的适用更加局限。此外，实际废水中会存在多种重金属离子，当废水中含有锌、铅、铬、锡等两性金属时，若 pH 较高，会出现反溶现象。

7.1.2.3 溢油污染事件

溢油污染应急处理即快速清除泄漏在环境中的油类物质，减少漏油对环境的影响。目前，已有的溢油污染处理方法包括物理法、化学法和生物修复法。

（1）物理法

物理法主要是布设围油栏拦截、使用吸油材料吸附和撇油机机械回收等。围油栏通过改变特定的形状来建立屏障，能够及时对溢油引流，减少溢油面积并有利于油的回收，操作环境上围油栏适用于无风浪、流速低、油层厚、能见度高的水面（李照等，2020）。围油栏因具有防腐蚀性、重复利用性，所以经济费用较高。吸油材料和撇油机可以快速吸附溢油，主要应用于小规模溢油区域，同时要配合围油栏一起使用，才能达到较好的吸油效果（王文华等，2013）。2009 年 3 月 11 日，绵阳市发生突发性柴油污染事故，绵阳市水务集团采用吸油毡等对柴油进行物理吸附和拦截，水厂采用粉末活性炭深度处理强化水质应急处理，最终确保了水质的安全（贺静等，2013）。

物理法适用于处理较厚的油膜，可对其进行回收，造成二次污染概率较小，但方法操作复杂、工作量大、效率低、成本较高，同时对汽油、煤油等轻质油效果不佳，因为轻质油有密度小、黏度小、在水面扩散速度快等特点，物理法难以奏效。

（2）化学法

溢油处理常用的化学方法主要是通过在水面上喷洒消油剂、凝油剂等，将油膜进行乳化、分散、凝聚或沉降，进而消除石油污染。消油剂也称为分散剂，是由表面活性剂、溶剂和少量的助剂（润湿剂和稳定剂）等所组成。通过与疏水性油结合来降低石油的浓度，将浮油乳化，最终形成 1～70 μm 细微油粒子并溶于水体，减少沉积于陆域岸边的机会（夏文香等，2004）。凝油剂通过絮凝反应将石油固化成凝胶状，使其沉降到海底，但会对底栖生物造成危害，打破生态平衡。也可以采用焚烧法进行应急处理，即在可控的条件下，在泄漏地或其周围油膜较厚处投燃烧弹或人工点火，将泄漏的石油焚烧，但这种方法会对生态平衡造成不良影响并且浪费能源（余小凤，2013）。溢油污染的化学处理方法存在潜在的毒性影响，容易造成二次污染，存在环境安全问题。

（3）生物修复法

为了最大限度地消除石油污染，近年来，一种更环保、更经济、应用更广泛的新兴治理技术逐渐引起重视，即利用生物修复手段将石油中的有毒物质转化成二氧化碳、甲烷、水等无毒物质，进而达到修复的功效。生物修复的关键在于石油降解微生物。土著石油降解微生物对石油烃等化合物有较强的氧化分解能力，并且可以将石油烃等化合物作为唯一碳源，进行自身的生长和繁殖。因此，可以利用石油降解微生物的这一特性来清除油污。截至2016 年，被分离鉴定的石油降解微生物主要有细菌、真菌、微藻等 200 余种，隶属于 70 多个属，其中细菌（40 个属）种类最多，比较常见的有节杆菌属、黄杆菌属、无色杆菌属、假单胞菌属等（李作扬，2016）。单一的石油降解菌对石油烃类化合物的自然降解过程较为缓慢，为了达到最有效的生物降解效果，就需要组建能降解更多种类石油烃的优势混合菌群，利用菌株之间的共生和协同作用生成复杂的降解聚生体，从而实现石油烃类污染物的有效降解。

目前的化学方法在一定程度上存在局限性，费用较高、适用范围不够广泛、处理效果难以达标且易造成二次污染。相较于物理法与化学法，生物修复法具有费用低、就地处理、对周围环境干涉少、应用范围广等优点，在水体污染修复方面具有广泛的应用价值。但仍存在以下问题：一是当受到石油污染浓度高、处于不利于菌生存的环境温度等影响时，石油降解菌的活性会降低；二是目前筛选分离、培养驯化的石油降解菌株大多是在实验室操作环境下生存的，其降解性在实际处理环境中的适应性还需要进一步研究；三是缺乏与其他技术的融合。总体来说，任何单一技术都难以达到理想的修复效果，开发高效降解和节能修复技术是今后溢油污染修复的主要研究方向，综合利用物理、化学及微生物固定化等技术开发一套系统化针对溢油污染的高效生物修复工艺体系，有助于为溢油污染的治理修复提供有效的技术保障。

7.1.2.4　生物性污染事件

生物性污染事件的应急处理中可采取化学氧化及消毒技术等。水体突发性蓝藻暴发的处理方法主要有物理法、化学法及物理化学法。物理法包括过滤、吸附、曝气和机械除藻等，需要耗费巨大的人力、物力，处理成本过高。化学法主要包括化学药剂法、电化学降解法等。此前，有研究人员采用高锰酸钾进行预氧化以去除水中蓝藻，建立了取水口高锰酸钾预氧化、污水处理厂聚丙烯酰胺（PAM）强化混凝的联合应急除藻技术。然而，投放化学药剂对水体可能造成二次污染，因此该技术在实际应用中不被提倡。物理化学法可通过添加混凝剂，对藻类进行沉淀，或通过流动循环曝气、喷泉曝气充氧及化学加药气浮工艺去除水中的藻类、其他固体杂质和磷酸盐，从而使整个水体保持良好状态（徐冉等，2009），该方法的缺点在于操作繁琐、工艺复杂，对蓝藻暴发难以奏效。对于水体微生物超标问题，可采用强化消毒技术（Cl_2、ClO_2、次氯酸盐、紫外辐照、臭氧等）进行消毒处理。在水源水出现较高微生物风险时，可通过加大消毒剂投放量及延长消毒时间来强化消毒效果（张晓健等，2008）。

7.1.3　处置要点

一是调查流域基本情况，明确保护目标和基本风险状况，包括流域构成，环境功能区划情况，支干流水文资料，主要引水工程或调水段及其输水、调水情况，重要饮用水水源地和重点控制城市（向水体直接排污的城市）等情况。

二是上下游生态环境部门对流域污染源进行排查，确定污染原因、污染范围和程度，建议政府采取措施，减轻或消除污染。

三是开展监测扩散规律分析。上下游生态环境部门确定联合监测方案，组织有关专家对污染扩散进行预测和预报，密切跟踪事态变化趋势，为政府决策提供技术支持。

四是对污染水体进行引流或截流，并投加相应环保吸附或混凝材料。

（1）针对有机污染物投加活性炭

粉末活性炭的投加方法有湿投法和干投法两种。干投法投加时粉尘浓度很大，必须采取防尘措施。使用时应注意以下技术要点：

①粉末活性炭吸附所需时间和投加点。粉末活性炭吸附过程可分为快速吸附、基本平衡和完全平衡 3 个阶段。粉末活性炭对有机污染物吸附过程的

试验表明，快速吸附阶段大约需要 30 min，可以达到 70%～80% 的吸附容量；2 h 可以基本达到吸附平衡，达到最大吸附容量的 95% 以上；再继续延长吸附时间，吸附容量的增加很少。

对于取水口与净水厂有一定距离的水厂，粉末活性炭应在取水口处提前投加，利用从取水口到净水厂的管道输送的这段时间完成吸附过程，在水源水到达净水厂前实现对污染物的主要去除。

对于取水口与净水厂距离很近的水厂，只能在水厂内混凝前投加粉末活性炭。由于吸附时间短，并且与混凝剂形成矾花絮体影响了粉末活性炭与水中污染物的接触，造成粉末活性炭的吸附能力发挥不足，因此在净水厂内投加时必须加大粉末活性炭的投加量。

②粉末活性炭的投加量。事件应急处置中粉末活性炭的投加量可以用烧杯试验确定。应采用实际水体再配上目标污染物进行试验，由于水源水中含有多种有机物质，存在相互间的竞争吸附现象，对实际水样所需的粉末活性炭投加量要大于纯水配水所得的试验结果。根据所得活性炭平衡吸附容量公式数据，可以计算出各种去除要求下粉末活性炭的理论用量。

活性炭平衡吸附容量公式：

$$q_0=V(C_0-C_i)/W \tag{7-1}$$

从而得到

$$W/V=(C_0-C_i)/q_0 \tag{7-2}$$

式中：q_0——平衡吸附容量，mg/g；

V——达到平衡时的累计通水体积，L；

C_0——吸附开始时水中污染物的质量浓度，mg/L；

C_i——吸附达到平衡时水中污染物的质量浓度，mg/L；

W——活性炭用量，g。

由于受后续沉淀过滤对粉末活性炭去除能力的影响，粉末活性炭的投加量也不能无限加大，实际最大投加量不宜大于 80 mg/L。

对试验得到的粉末活性炭投加量，在实际应用中还要考虑其他因素，包括吸附时间长短、水处理设备（沉淀池、滤池）对粉末活性炭的分离效率、投炭设备的计量与运行的稳定性、水源水质波动、处理后水质的安全余量等，因此必须采用足够安全的系数。

（2）针对重金属投加混凝剂（陈志莉等，2017）

投加铝盐或者铁盐混凝剂，利用水流的混合作用，搅拌形成絮体并使其在相对开阔平缓的江面上逐渐沉淀至江底。pH 是化学沉淀法去除重金属离子的关键因素。水的 pH 调整为弱碱性后，去除率大大提高。水中的重金属离子在弱碱性环境条件下生成碳酸盐和氢氧化物，再通过混凝沉淀去除。在此过程中，重金属会通过凝聚吸附、网捕沉淀等机理被部分去除。如广东北江镉污染事故期间，北江水流量高达 200 m^3/s，因此迅速确定采用液体药剂和固体药剂的现场混合投加方案。通过六联混凝搅拌仪的现场混凝试验，确定不同混凝剂的最佳投加量。将固体聚合硫酸铁投加量由 36 t/h 降低为 30 t/h、将液体聚合硫酸铁投加量由 7.2 t/h 提高到 20 t/h。检测过程中发现，上游水 pH 在 7.87 左右，坝下水 pH 在 7.62 左右，此时对镉的削减效果为最佳。在北江韶关冶炼厂排污口上游至英德飞来峡共设置 12 个监测断面，每 2 h 进行一次镉浓度的同步监测。监测结果表明，因白石窑投药除镉工程的实施，白石窑下游云山水厂断面的镉浓度明显降低。从 12 月 23 日 8 时药剂开始投放算起，7 d 共投放药剂约 3 000 t，同时联合流域水利调度工程从 12 月 23 日晚上 8 时至 30 日晚上 8 时向污染河段补充新鲜水 4.7×10^7 m^3，两项工程的实施削减镉浓度峰值 27%。削污降镉工程停止后，继续实施联合流域水利调度工程，将污染团分隔在白石窑和飞来峡两个库区以进一步稀释，到 2006 年 1 月 10 日上午 8 时省防总第 10 号调度令结束，累计从水库和飞来峡以上未受污染的天然河道向受污染的河道补充新鲜水量 3.33×10^8 m^3，有效降低了被污染河段的镉浓度，确保了飞来峡出水水质镉浓度总体达标。

7.1.4　常用的药剂、材料及技术工艺

突发水环境事件中，有毒有机物污染、重金属污染、溢油污染和生物性污染 4 类环境污染的应急处置过程中常用的药剂、材料、技术工艺及可能产生的有毒副产物如表 7-1 所示。

表7-1 突发水环境事件应急处置常用的药剂、材料、技术工艺及可能产生的有毒副产物

污染类别	典型污染物	处理技术	常用药剂或材料	可能产生的有毒副产物
有毒有机物污染	有机农药、多氯联苯、苯系物类	吸附法 应急处置的主要技术手段：封堵、筑坝拦截、投加活性炭等材料	活性炭、黏土、沸石等；编织网带（装活性炭等吸附材料）	吸附饱和后，已吸附的有害物质在一定条件下会重新释放出来（吸附剂在使用一段时间后必须要定期清洗或更换）
	有机氰化物类	化学氧化法 应急处置的主要技术手段：封堵、筑坝拦截后投加高锰酸钾、次氯酸等药剂	高锰酸钾、臭氧、氯气、次氯酸钠、过氧化氢等	氧化降解过程中，有机磷农药可能产生对氧磷和甲基对氧磷等，硫丹类有机氯农药可能产生硫丹醚、硫丹内酯，硫丹硫酸盐等；三氯苯类农药可能产生氯代苯氧类物质；三嗪类可能产生脱烷烃去基，三聚氰酸等；多氯联苯可能产生其同系物或者发生脱氯后生成的联苯；苯系物的产物包括多环烷、醇、醛、呋喃等；有机氰化物可能产生简单氰化物和氢氰酸等
重金属污染	汞及其化合物、镉及其化合物、铬及其化合物、铅及其化合物	吸附法 应急处置的主要技术手段：直接设置活性炭吸附坝	活性炭、粉煤灰、黏土、硅藻土、膨润土、纳米二氧化硅、沸石、轻质氧化镁、活性氧化铝、硅胶、活性炭纤维、改性活性炭纤维、改性纤维素类、淀粉类吸附剂、改性壳聚糖类吸附剂、改性木质素类吸附剂、大孔吸附树脂	吸附饱和后，已吸附的有害物质在一定条件下会重新释放出来（吸附剂在使用一段时间后必须要定期清洗或更换）

续表

污染类别	典型污染物	处理技术	常用药剂或材料	可能产生的有毒副产物
重金属污染	汞及其化合物、镉及其化合物、铬及其化合物、铅及其化合物	化学沉淀法 应急处置的主要技术手段：直接设置拦截坝进行化学沉淀、空地设置储水池进行化学沉淀	酸或碱调节剂、Ca(OH)$_2$ 与 Na$_2$CO$_3$ 等沉淀剂、PAC 等混凝剂、硫化钠等硫化物	pH 较高时，两性金属（如铝、铬等）会出现反溶现象
溢油污染	环烷烃、芳香烃、多环芳烃	物理法 应急处置的主要技术手段：直接设置围油栏，采用吸油毡等撇油机处理	围油栏与吸油毡等吸油材料、撇油机	—
		化学法 应急处置的主要技术手段：设置围油栏，使用消油剂、凝油剂处理	消油剂、凝油剂	
		生物修复法 应急处置的主要技术手段：设置围油栏，进行生物膜处理	细菌、真菌、微藻等降解微生物；优势混合菌群；生物膜	可能产生多环芳烃类、其他烷烃类

续表

污染类别	典型污染物	处理技术	常用药剂或材料	可能产生的有毒副产物
生物性污染	藻类暴发	物理法 应急处置的主要技术手段：布设滤网、使用曝气机进行曝气，采用机械除藻机进行机械除藻	滤网、吸附剂、曝气机、机械除藻机	—
		化学法 应急处置的主要技术手段：设置拦截坝后投加高锰酸钾等氧化剂	高锰酸钾等氧化剂	可能产生微囊藻毒素、2-甲基异莰醇、土臭素、硫醇、硫醚类等
		物理化学法 应急处置的主要技术手段：设置拦截坝，投加PAM等混凝剂，进行曝气	PAM等混凝剂、流动循环曝气与喷泉曝气等装置	
	水体微生物超标	消毒技术	Cl_2、ClO_2、次氯酸盐、紫外辐照、臭氧等	可能产生氯代苯醌、卤乙酸、卤乙腈、卤代酚、卤代酮、卤代醛和亚硝胺等副产物

7.2　突发大气环境事件应急处置常见技术方法

7.2.1　突发大气环境事件分类

按照突发大气环境事件的起因、表现形式和污染物特性等因素，通常可以将其分成有毒有害物质污染事件、毒气污染事件、爆炸污染事件等类型。

（1）有毒有害物质污染事件

有毒有害物质污染事件是指在日常生产工作过程中，有毒有害物质的使用、储存、运输和排放等环节操作不当，导致有毒有害化学物质泄漏或非正常排放所引起的大气污染事件。造成有毒有害物质污染事件的污染物质主要包含 11 类被列入《有毒有害大气污染物名录（2018 年）》的污染物，包括二氯甲烷、甲醛、三氯甲烷、三氯乙烯、四氯乙烯、乙醛、镉及其化合物、铬及其化合物、汞及其化合物、铅及其化合物、砷及其化合物。

（2）毒气污染事件

毒气污染事件是突发大气环境事件中比较常见的一种污染类型。该类突发大气环境事件往往是因为企业对有毒气体管理不当，因一氧化碳、氨气、硫化氢等毒气泄漏造成的大气污染。虽然毒气污染事件属于有毒有害物质污染事件的一种，但因其主要涉及有毒有害气体，因此通常将有毒气体泄漏造成的毒气污染事件作为单独的一类突发大气环境事件。

（3）爆炸污染事件

爆炸污染事件是指某些易燃易爆的物质（如石油、天然气、煤气、石油液化气等）发生一定规模的燃烧或者爆炸后引起的污染事件；也指某些易燃易爆固体废物和垃圾在堆放和处理时，由于堆放和处理不当引发燃烧和爆炸事故，从而造成的大气污染事件。

7.2.2　应急处置技术

突发大气环境事件应急处置技术的研究主要集中在污染风险源识别、应急监测、风险源控制等方面。

（1）污染风险源识别技术

突发大气环境事件污染风险源识别技术主要包括定性评价方法与定量评价方法两种。定性评价方法主要有专家评价法、安全检查法等；定量评价方法主要包括风险矩阵法、可接受风险值法和概率评价方法（如事故树分析法、逻辑树分析法、马尔可夫模型法等）等。

（2）应急监测技术

目前使用较多的方法包括仪器法、检气管法、试纸比色法和溶液快速法等。①仪器法：利用有害物质的热学、光学、电学等性质进行测定，如便携式多参数有毒气体分析仪、微电脑污染源监测仪等。②检气管法：是将用适当试剂浸泡过的多孔颗粒状载体填充于玻璃管中制成，当被测气体以一定流速通过此管时，被测组分与试剂产生显色反应，根据生成有色化合物的颜色深度或填充柱的变色长度确定被测气体的浓度。目前有几百种有害物质可通过检气管法测定，但该方法的标准指定较为繁琐。③试纸比色法：利用纸条浸渍试剂，在现场放置或置于试纸夹内，抽取被检测空气，显色后比色定量。常用于硫化氢、汞、铅等常见有害污染物质。④溶液快速法：将吸收液作为显色液，采样显色后于标准管比色定量，达到监测大气污染物的目的。

（3）风险源控制技术

大气环境污染的风险源是指相关污染物的排放量超过特定范围或环境承载总量进而造成突发大气环境事件的企业。针对这一类风险源，需要采取加强管理的方式，控制其可能造成的突发大气环境事件。因此，目前国内外关于突发大气环境事件的风险源控制技术主要集中在风险源监控预警指标体系的构建，以期通过各指标状态的评价，确定预警级别，指导风险源控制。

7.2.3　常用的药剂、材料及技术工艺

突发大气环境事件中，在有毒有害物质污染、毒气污染、爆炸污染应急处置过程中常用的药剂、材料、技术工艺及可能产生的有毒副产物如表7-2所示。

表 7-2　突发大气环境事件应急处置常用的药剂、材料、技术工艺及可能产生的有毒副产物

污染类别	典型污染物	处理技术	常用药剂或材料	可能产生的有毒副产物
有毒有害物质污染	甲醛、三氯乙烯、四氯乙烯、苯系物、镉及其化合物、铬及其化合物、铅及其化合物、汞及其化合物、砷及其化合物	吸附法 应急处置的主要技术手段：注意场所的封闭性，将污染物导出到固定床、流动床、沸腾床等反应器中，进行气体吸附操作	活性炭、木炭、分子筛等吸附剂；固定床、流动床、沸腾床等设备	吸附饱和后，已吸附的有害气体在一定条件下会重新释放出来（吸附剂在使用一段时间后必须要定期清洗或更换）
		吸收法 应急处置的主要技术手段：使用专业的抽气装置将污染气体导入吸收液中，能与酸或碱起反应的有害气体用酸性或碱性吸收液、苯系物等有机污染物用有机吸收液	酸性或碱性吸收液、有机吸收液	—
		光催化法 应急处置的主要技术手段：使用专业的气体净化器，由不可见光对光催化剂供应光和热以激发催化活性、净化气体，同时杀灭空气中的细菌和病毒，通常应用于室内	二氧化钛等光催化剂、气体净化器	—
		静电技术 应急处置的主要技术手段：使用静电除尘空气净化器，利用高压静电场形成电晕，使尘埃颗粒带电、最终沉积，通常应用于小环境，主要针对含有铅等金属氧化物粉尘	静电除尘空气净化器	臭氧

149

续表

污染类别	典型污染物	处理技术	常用药剂或材料	可能产生的有毒副产物
毒气污染	一氧化碳、氢气、硫化氢、二氧化硫、氟化氢等	吸附法 应急处置的主要技术手段：注意场所的封闭性，将污染物导出到固定床、流动床、沸腾床等反应器中，进行气体吸附操作 吸收法 应急处置的主要技术手段：使用专业的抽气装置将污染气体导入吸收液中，二氧化硫、氟化氢等用水作为吸收剂，能与酸或碱起反应的有害气体用酸性或碱性吸收液	活性炭、木炭、分子筛等吸附剂；固定床、流动床、沸腾床等设备 水、酸性或碱性吸收液	吸附饱和后，已吸附的有害气体在一定条件下会重新释放出来（吸附剂在使用同后必须要定期清洗或更换） —
爆炸污染	石油、天然气、煤气、石油液化气等	消防 应急处置的主要技术手段：使用专业消防装置进行爆炸后火灾救援 初期使用适当的可移动式灭火器来控制火势，对周围设施采用冷却保护措施进行保护；针对不同种类的爆炸，选择正确的灭火剂和灭火方法。产生的有害气体处理参考有毒有害物质污染及毒气污染	灭火剂、灭火器等消防装置及冷却保护装备	—

7.3　突发土壤环境事件应急处置常见技术方法

7.3.1　突发土壤环境事件分类

引发突发土壤环境事件的主要原因包括危险废物污染、一般工业固体废物或生活垃圾污染、非法倾倒或填埋固体废物污染等。

（1）危险废物污染次生突发环境事件

指废弃危险化学品、医疗废物等危险废物在产生、收集、贮存、运输、利用或处置过程中因突发事故（如交通运输事故、生产安全事故或自然灾害等），导致散失、爆炸、火灾且挥发蔓延，严重危及周围人群生命及财产安全，或导致现场生态环境遭受严重污染的事件。

（2）一般工业固体废物或生活垃圾污染次生突发环境事件

指一般工业固体废物或生活垃圾在产生、收集、贮存、运输、利用或处置过程中因突发事故（如交通运输事故、生产安全事故或自然灾害等），对周围土壤等环境产生危害或影响的事件。

（3）非法倾倒或填埋固体废物污染次生突发环境事件

指企业事业单位或个人向环境中非法倾倒或填埋固体废物，对周围土壤等环境产生危害或影响的事件。

7.3.2　应急处置技术

根据突发土壤环境事件的污染程度，可以分别采取污染土壤的应急修复技术或污染土壤的风险管控技术。目前，土壤应急修复技术包括水泥窑协同处置技术、固化 / 稳定化技术、土壤淋洗技术、异位热脱附技术、化学氧化还原技术、生物降解技术等。土壤风险管控技术主要是指阻隔填埋。

7.3.2.1　土壤应急修复技术

（1）水泥窑协同处置技术

技术原理：水泥窑协同处置是以污染土壤替代部分黏土质原料，与石灰质原料、少量校正原料经破碎后，按一定比例配合、磨细并调配为成分合适、质量均匀的生料，在水泥窑内煅烧至部分熔融，得到以硅酸钙为主要成分的硅酸盐水泥熟料的过程。

技术特点：①技术成熟可靠。水泥窑是发达国家焚烧处理污染土壤的重要技术设施，得到了广泛的认可和应用。②彻底处理污染物。水泥生产是在高温下进行的，回转窑内的物料烧成温度必须保证在 1 450℃以上（炉内最高气流温度可达 1 800℃或比 1 800℃更高）；在如此高温环境下，污染土壤中主要有机物的有害成分焚毁率可达 99.999 9%。③焚烧空间大、停留时间长。回转窑是一个旋转的筒体，一般直径在 3～5 m，长度在 45～100 m，焚烧空间很大，不仅可以接受处理大量的废料，还可以维持均匀、稳定的焚烧环境。窑体斜度小，旋转速度慢，物料在窑中高温下停留时间长，从窑尾到窑头总停留时间大于 20 min，气体在高于 1 300℃温度下的停留时间远大于 4 s。④处理规模大。回转窑具有处理温度高、焚烧空间大、热容量大以及焚烧停留时间长等特点，加之新型干法回转窑运转率高（一般年运转率大于 90%），决定了回转窑的废物处理规模较大。

适用范围：水泥窑协同处置技术的目标污染物广泛。针对污染土壤中的污染物，在不影响水泥生产品质的情况下，允许投加的重金属和分解温度低于 2 000℃的有机物（苯系物、多环芳烃、部分石油烃）均能够被水泥窑协同安全处置。

（2）固化/稳定化技术

技术原理：固化/稳定化技术是一种用于应急处理污染土壤的技术。其主要工作原理是通过在污染土壤中添加或混合黏合剂（如胶凝剂或凝硬剂），使之与污染土壤发生反应，改变土壤的理化性质，使土壤成形为结构密实、抗压性强、渗透性低的固化/稳定化产物，从而降低土壤中污染物的迁移性，使得污染物的溶出（浸出）浓度达到特定地块修复目标中规定的可接受水平，最终实现对地下水或地表水的保护目的。

技术特点：在异位固化/稳定化过程中，许多物质都可以作为黏结剂，如硅酸盐水泥、火山灰、硅酸酯和沥青以及各种多聚物。硅酸盐水泥以及相关的铝硅酸盐（如高炉熔渣、飞灰和火山灰等）是最常用的黏结剂。有许多因素可能影响异位固化 / 稳定化技术的实际应用和效果，如最终处理时的环境条件可能影响污染物的长期稳定性；一些工艺可能会导致污染土壤在固化后体积显著增大；有机物质的存在可能会影响黏结剂作用的发挥等。固化 / 稳定化方法可单独使用，也可与其他处理和处置方法结合使用。污染物的埋藏深度可能会影响或限制一些具体的应用过程。原位修复时必须控制好黏结剂的注射和混合过程，防止污染物扩散进入洁净土壤区域。该技术工艺成熟可靠，可以处理多种复杂金属废物，具有操作简单、设备转移方便、费用较低、适用范围广等优势；缺点在于该技术没有减少污染物的总量，在环境条件变化时，污染物可能会重新被释放。

适用范围：固化 / 稳定化技术既适用于处理无机污染物，也适用于处理某些性质稳定的有机污染物。对许多无机物和重金属污染土壤，如无机氰化物（氢氰酸盐）、石棉、腐蚀性无机物以及砷、镉、铬、铜、铅、汞、镍、硒、锑、铀和锌等重金属（类金属）污染的土壤，均可采用固化 / 稳定化技术进行有效的治理和修复，而有机污染土壤中适用或可能适用的污染物类型包括有机氰化物（腈）、腐蚀性有机化合物、农药、石油烃（重油）、多环芳烃、多氯联苯、二噁英或呋喃等。

（3）土壤淋洗技术

技术原理：土壤淋洗技术是指借助能够促进土壤环境中污染物溶解或迁移的溶剂，通过将溶剂与污染土壤混合，再把含有污染物的液体从土壤中抽取出来，进行分离处理的技术。此技术分原位土壤淋洗和异位土壤淋洗。原位土壤淋洗一般是指将冲洗液由注射井注入或渗透至土壤污染区域，携带污染物到达地下水后，用泵抽取污染的地下水，并于地面上去除污染物的过程。异位土壤淋洗技术需要将污染土壤挖掘出来，用水或淋洗剂溶液清洗土壤、去除污染物，再对含有污染物的清洗废水或废液进行处理，洁净土壤可以回填或运到其他地点回用。

技术特点：在使用异位土壤淋洗技术时，一般需要先根据处理土壤的物理状况对土壤进行分类，再基于二次利用的用途和最终处理需求，将其修复到不同程度；清洗液可以是清水，也可以是包含冲洗助剂的溶液。冲洗剂主要有无机冲洗剂、人工螯合剂、阳离子表面活性剂、天然有机酸、生物表面活性剂等。无机冲洗剂具有成本低、效果好、速度快等优点，但用酸冲洗污染土壤时，可能会破坏土壤的理化性质，使大量土壤养分淋失并且破坏土壤微团聚体结构。人工螯合剂价格昂贵，生物降解性差且冲洗过程易造成二次污染。在处理质地较细的土壤时，需多次清洗才能达到较好效果。低渗透性的土壤处理困难，表面活性剂可黏附于土壤中而降低土壤孔隙度，冲洗液与土壤的反应可降低污染物的移动性。较高的土壤湿度、复杂的污染混合物以及较高的污染物浓度会使处理过程更加困难。冲洗废液如控制不当，会造成二次污染，因此需回收处理。

适用范围：该技术可用来处理重金属和有机污染物，对于大粒径级别污染土壤的修复更为有效，沙砾、砂、细沙中的污染物更容易被清洗出来，而黏土中的污染物则较难清洗。一般来说，当土壤中黏土含量达到25%～30%时，不考虑采用该技术。

（4）异位热脱附技术

技术原理：将土壤投加入旋转反应器中，并保持反应器中的真空以及低氧条件，通过火焰、蒸汽或热油等方式加热，使得反应器内的土壤保持某一温度，并且持续一定的时间。在此过程中，土壤中的污染物和水分将成为气体或呈细颗粒状进入气相。尾气经过洗涤处理后达标排放。通过控制反应器的温度及土壤在反应器中的停留时间，可以使污染物挥发出来，但是不发生氧化、分解等化学反应。

技术特点：热脱附是将污染物从一相转化为另一相的物理分离过程，在修复过程中不出现对有机污染物的破坏作用。通过控制热脱附系统的温度和污染土壤停留时间，有选择地使污染物挥发，并不发生氧化、分解等化学反应。异位热脱附技术具有污染物处理范围广、设备可移动、修复后土壤可再利用等优点，特别对多氯联苯这类含氯有机物，非氧化燃烧的处理方式可以显著减少二噁英的生成。

适用范围：异位热脱附技术已被成功用于多环芳烃、苯系物、有机农药和除草剂、多氯联苯等有机污染土壤的应急处置，其主要适用范围为半挥发性和挥发性的有机污染物，包括多环芳烃、有机农药和杀虫剂、多氯联苯等。在技术使用过程中，处理结果会受到土壤含水率、粒径、渗透性以及系统温度等的影响。

（5）化学氧化还原技术

技术原理：通过向污染土壤加入氧化剂或还原剂，通过氧化作用或还原作用，使土壤中的污染物转化为无毒或毒性相对较小的物质。常见的氧化剂包括高锰酸盐、过氧化氢、芬顿试剂、过硫酸盐和臭氧。常见的还原剂包括硫化氢、连二亚硫酸钠、亚硫酸氢钠、硫酸亚铁、多硫化钙、二价铁、零价铁等。

技术特点：该技术工艺成熟可靠，具有处理时间短、适用范围较广等优势，处理后土壤污染物总量下降，使土壤长期处于安全状态。但若土壤中存在腐殖酸、还原性金属等物质，会消耗大量氧化剂；在渗透性较差的土壤（如黏土）区域，药剂传输速率可能较慢；化学氧化还原过程可能会发生产热、产气、改变 pH 等不利影响。

适用范围：化学氧化技术可以处理石油烃、BTEX（苯、甲苯、乙苯、二甲苯）、酚类、MTBE（甲基叔丁基醚）、含氯有机溶剂、多环芳烃、农药等大部分有机物，化学还原技术可以处理重金属类（如六价铬）和氯代有机物等。

7.3.2.2　土壤风险管控技术

土壤风险管控技术中最常用的是采用物理墙技术将污染土壤与周围的未污染土壤分隔，防止污染物扩散，这种方法的优点是简单、快速且技术含量低，能治理大块的污染土地，但此技术只是一种暂时的措施，而不是根本意义上的"修复"技术。要最终消除污染，需要采取其他的处置技术。常用的土壤风险管控技术分为异位风险管控和原位风险管控两种方式。

异位风险管控主要指异位阻隔填埋，是将污染土壤或经过治理后的土壤阻隔填埋在由高密度聚乙烯（HDPE）膜等防渗阻隔材料组成的防渗阻隔填场里，阻断土壤中污染物迁移扩散的途径，使污染土壤与周边环境隔离，防止污染土壤中的污染物随降水或地下水迁移、污染周边环境、影响人体健康。异位阻隔填埋系统一般由土壤预处理系统、填埋场防渗阻隔系统、渗滤液收集系统、封场系统、排水系统、监测系统组成。防渗系统通常由高密度聚乙烯（HDPE）膜、土工布、钠基膨润土、土工排水网、天然黏土等防渗阻隔材料构筑而成。根据项目所在地地质条件及污染土壤情况需要，通常还可以设置地下水导排系统与气体抽排系统或者地面生态覆盖系统。

原位风险管控是在污染区域周边建设阻隔层，并在污染区域顶部覆盖隔离层，将污染区域周边及顶部完全与周围环境隔离，避免污染物与人体接触和随地下水向四周迁移。也可以根据场地实际情况，结合风险评估结果，选择只在场地周边建设阻隔层或只在顶部建设覆盖层。原位阻隔覆盖系统一般由阻隔系统、覆盖系统、监测系统组成。阻隔系统主要由地下止水帷幕等防渗阻隔材料组成，通过在污染区域周边建设阻隔层，将污染区域限制在某一特定区域；覆盖系统通常由黏土层、人工合成材料衬层、砂层、覆盖层等一层或多层组合而成；监测系统主要是由阻隔区域上下游的监测井构成。

通常情况下，实际管控工程中，根据现场情况，可以合理考虑原位及异位结合的方式进行风险管控，在最经济且有效的情况下，灵活使用两种管控方式。

（1）垂直阻隔技术

垂直阻隔技术是采取竖向布置的形式，阻断污染土壤向周边环境迁移输送的阻隔技术，包括地下连续墙技术、高压喷射注浆技术、深层水泥土搅拌桩技术等。

地下连续墙技术是在地面上使用专用设备，在泥浆护壁的情况下，开挖一条狭长的深槽，在槽内放置混凝土，形成混凝土墙段。各段墙依次施工并连接成连续的地下墙体。按成槽方式，分为槽孔型防渗墙、桩柱型防渗墙和混合型防渗墙3类，其中槽孔型应用最为广泛。按槽孔的形式，可以分为壁板式和桩排式两种；按开挖方式及机械分类，可分为抓斗冲击式、旋转式和旋转冲击式；按施工方法的不同，可以分为现浇、预制和二者组合成墙等；

按功能及用途，分为作承重基础或地下构筑物的结构墙、挡土墙、防渗心墙、阻滑墙、隔震墙等；按墙体材料不同，分为钢筋混凝土、素混凝土、黏土、自凝泥浆混合墙体材料等。

高压喷射注浆技术是利用钻机把带有喷嘴的注浆管钻进土层的预定位置后，以高压设备使浆液或水（空气）成为 20～40 MPa 的高压射流，并从喷嘴中喷射出来，冲切、扰动、破坏土体，同时钻杆以一定速度逐渐提升，将浆液与土粒强制搅拌混合；浆液凝固后，在土壤中形成一个圆柱状固结体（即旋喷桩），以达到加固地基或止水防渗的目的。根据喷射方法的不同，喷射注浆可分为单管法、二重管法和三重管法。新型的有 RJP 工法、SSS-MAN 工法（日本所称的多重管法）、MJS 工法（全方位高压喷射）。

高压喷射注浆技术适用于处理淤泥、淤泥质土、黏性土（流塑、软塑或可塑）、粉土、砂土、黄土、素填土和碎石土等地基土壤。当土中含有较多的大粒径块石、大量植物根茎或有较高含量的有机质时，应根据现场试验结果确定其适用范围。对于地下水流速过大、浆液无法凝固、永久冻土及对水泥有严重腐蚀性的地基土壤，不宜采用高压喷射注浆，因为施工过程易造成环境污染，成本较高。

深层水泥土搅拌桩止水帷幕是由一定比例的水泥浆液和地基土壤，用特制的机械在地基深处就地强制搅拌而成。水泥土搅拌法一般适用于加固饱和黏性土地基。它是以水泥（或石灰）等材料作为固化剂，通过特制的搅拌机械，在地基土壤深处就地将软土和固化剂（浆液或粉体）强制搅拌，由固化剂和软土间所产生的一系列物理-化学反应，使软土硬结成具有整体性、水稳定性和防渗性的水泥加固土，从而改善地基土壤的稳定性和抗渗性能，达到止水、挡土的效果。根据施工方法的不同，水泥土搅拌法分为水泥浆搅拌和粉体喷射搅拌两种。水泥浆搅拌是用水泥浆和地基土搅拌，粉体喷射搅拌是用水泥粉或石灰粉和地基土搅拌。

（2）覆盖阻隔技术

覆盖阻隔技术是在污染区域顶部覆盖隔离层，将污染区域周边及顶部与周围隔离的阻隔技术。覆盖阻隔技术包括挥发性有毒有害气体阻隔技术和堆场（水）污染阻隔覆盖技术两种。

堆场污染阻隔覆盖时可选用黏土，亦可用人工阻隔材料，防止雨水渗入固体废物堆体内。阻隔材料的选择关键指标是其渗透性。

在防渗要求不是非常高的情况下，黏土防渗是工程上使用最为普遍的方法。黏土具有一定的过滤能力和离子交换容量，在一定条件下对污染物具有截污和净化的能力。由于渗透系数低的黏土并非随处可得，远距离的运输会大大增加成本。

采用人工复合隔离材料时，须能形成稳定的隔水层，耐酸碱度高、不易分解。目前常用的人工复合隔离材料为土工膜和膨润土垫。

各种常见污染土壤应急处置修复技术对比情况如表 7-3 所示。

表 7-3　常见污染土壤应急处置修复技术对比情况

序号	技术名称	技术简介	主要应用参考因素			优点及适用类型	缺点
			成熟性	时间条件	资金水平		
1	水泥窑焚烧技术	土壤与水泥生料一起进入回转窑，控制污染土壤的配比。适用于含量比较高的多环芳烃类、石油类、苯系物等污染物，不适用于含量污染物的土壤和含氯有机挥发性污染物（主要是成本高和产生二恶英）	技术成熟且国内有成功示范和成套系统设备	取决于水泥窑的容量和数量。由于向水泥窑中添加比例很低，时间可能较长	较高	在高温下可以将土壤中的各种有机污染物分解或焚毁	①能耗高；②焚烧后土壤需控制回转水泥窑产品质量的影响；③不适用于含氯挥发性有机污染物；④需要建立适用的污染土壤长期储存的储存设施
2	异位热脱附技术	将土壤投加入旋转的容器中，并保持容器中的真空以及低氧条件，通过火焰、蒸汽或热油等方式将容器加热，使得容器内的土壤保持某一温度，并且持续一定的时间。在此过程中，土壤中的污染物和水分将成为气体或呈细颗粒状进入气相。挥发性气体进入燃烧室焚烧，降解其中的有机物质。最后的尾气经过洗涤处理后达标排放。通过控制反应后的温度及土壤在反应器中的停留时间，可以使污染物挥发出来，但是并不发生氧化、分解等化学反应	技术成熟且国内有实施的工程案例	取决于设备的能力。大型设备需要时间较短，例如 1 年左右。对于中小型设备，需要时间较长，如 1～5 年	较高	对挥发性有机化合物和半挥发性有机化合物均比较有效，辅以合理处理系统的尾气处理系统。适用于多环烃类、苯系物和石油烃类有机物的处理。适用的污染物含量水平也比较广泛	①能耗高；②需要较大的资金投入来建立处理设施；③运行中需控制反应的停留时间，确保有机土壤的热脱附时间；④如果是高温直接燃烧式的热脱附，则对土壤的自然性质会有较大的不良影响，不利于土壤的再利用

续表

序号	技术名称	技术简介	主要应用参考因素			优点及适用类型	缺点
			成熟性	时间条件	资金水平		
3	异位常温解吸技术	将污染土壤堆置于密闭车间内，常温下添加药剂，定时机械扰动土壤的温度，促进土壤中有机污染物的解吸和挥发，并通过尾气处理系统进行去除	技术成熟且国内有工程案例	需要时间较短，如0.5~1年	较低	简单易行、便于管理，对VOCs类污染土壤修复成本较低；相对土壤气相抽提(SVE)技术，修复周期大幅减少	对高含水率土壤，需采取措施降低其含水率；黏性土的机械扰动时需专门的破碎设备
4	异位土壤洗脱技术	用水或添加表面活性剂、螯合剂的水溶液来洗脱土壤，将土壤中污染物洗脱到溶液中。被清洗后的土壤经检测合格后可以回收利用。洗脱土壤的溶液需要收集并进行无害化处理，处理后的水可以再用于洗脱，处理后的残渣可以填埋	技术成熟且国内已有工程应用	需要时间较短，如6~24个月	差异较大	如果药剂使用恰当，可以去除土壤中的有机污染物。大粒径、低有机碳含量的土壤（例如砂砾、砂、细沙等）中的污染物比较容易被洗脱出来	黏土和粉土中的污染物比较难以清洗出来，后续的泥水分离困难。不宜用于土壤细颗粒（黏粒、粉粒）含量高于25%的土壤

续表

序号	技术名称	技术简介	主要应用参考因素			优点及适用类型	缺点
			成熟性	时间条件	资金水平		
5	异位固化/稳定化技术	通过向土壤中添加混凝土、黏结剂、固化剂来固定土壤中的污染物，防止其在环境中的进一步迁移、扩散	技术成熟且国内有工程案例	需要时间较短，如 1~6 个月	较低	对于被少量的弱挥发性和稳定性很强的污染物可以应用。多用于重金属污染土壤	因为固化材料会老化或失效，而且水浸泡、冰冻或融化都会影响固化效果，一般不用于有机污染物，会增大污染土壤的体积
6	异位化学氧化技术	通过向污染土壤中添加氧化剂，通过氧化作用，使土壤或地下水中的污染物转化为无毒或毒性相对较小的物质。常用的氧化剂有过氧化氢、高锰酸钾、芬顿试剂、臭氧、过硫酸钠等	技术成熟且国内已有工程应用	需要时间较短，如 1 周到 6 个月	中等至较高	适用于污染土壤和地下水。可处理石油烃（苯、甲苯、乙苯、二甲苯）、酚类、BETX、MTBE（甲基叔丁基醚）、含氯有机溶剂、多环芳烃、农药等大部分有机物	对吸附性强、水溶性差的有机污染物，应考虑必要的增溶、脱附方式

161

续表

序号	技术名称	技术简介	主要应用参考因素			优点及适用类型	缺点
			成熟性	时间条件	资金水平		
7	原位化学氧化技术	通过向土壤或地下水的污染区域注入氧化剂，通过氧化作用，使土壤或地下水中的污染物转化为无毒或毒性相对较小的物质。常用的氧化剂有过氧化氢、高锰酸钾、芬顿试剂、臭氧、过硫酸钠等	技术成熟且国内已有工程应用	需要时间较短，如1周到6个月	中等至较高	适用于污染土壤和地下水。可处理石油烃、BETX（苯、甲苯、乙苯、二甲苯）、酚类、MTBE（甲基叔丁基醚）、含氯有机溶剂、氯代芳烃、多环芳烃、农药等大部分有机物	需要添加化学氧化剂和催化剂。需根据具体土质情况，根据经验或进行试验后确定化学氧化剂的注入半径。如果添加的药剂量过大，化学处理后的土壤再利用比较困难。对于黏土和粉土性质的土壤，化学氧化剂用量较大

续表

| 序号 | 技术名称 | 技术简介 | 主要应用参考因素 | | | 优点及适用类型 | 缺点 |
			成熟性	时间条件	资金水平		
8	阻隔技术	运用泥浆墙或混凝土施工,将污染物阻隔在特定区域内,如尾矿库等	20 世纪 80 年代开始应用,技术较为成熟,可与抽出处理技术联用	较长	低到中	泥浆墙深度受一定限制,泥浆墙底部须进入低渗透性土层(如黏土)足够深的程度,一般情况下需要与地下水抽出处理系统联用;效果受地下水中酸碱组成影响	泥浆墙的深度受开挖的限制,一般在较浅地层应用,灌浆和板桩技术则不受深度限制,但费用较多;阻隔材料渗透性强时,会难以阻隔对地下水的污染;阻隔材料与污染物若没有足够的"兼容性",则易导致阻隔材料被侵蚀,降低材料阻隔效果

163

第 *8* 章

突发环境事件应急演练

8.1　应急演练概述

　　突发环境事件应急演练是检验应急预案、锻炼应急队伍、磨合应急机制以及开展应急宣传教育的重要手段，是政府和企业事业单位提高应急响应准备能力的重要环节。目前，演练类型按组织形式划分，可分为桌面演练和实战演练；按内容划分，可分为单项演练和综合演练；按目的与作用划分，可分为检验性演练、示范性演练和研究性演练。

8.2　应急演练的组织

8.2.1　演练实施方案

8.2.1.1　演练的目的

　　演练的目的第一是检验突发环境事件应急预案的有效性及实战性。第二是磨合应急指挥机构，尤其是在遭遇突发环境事件时，各应急指挥机构之间预警与应急预案的衔接机制。第三是锻炼应急队伍，全面提升队伍对突发环境事件的应急响应、组织协调及协同作战能力。

8.2.1.2　演练的依据

目前，国家层面指导各地开展环境应急演练的主要依据包括《中华人民共和国突发事件应对法》（主席令　第六十九号）、《国家突发环境事件应急预案》（国办函〔2014〕119 号）、《突发环境事件应急管理办法》（环境保护部令　第 34 号）、《突发环境事件信息报告办法》（环境保护部令　第 17 号）。在地方层面，主要是各省（自治区、直辖市）、市、区（县）人民政府和生态环境部门应急预案或其他地方法规、部门规章和规范性文件。

8.2.1.3　演练的时间与地点

演练的时间应具体到小时，且应当在实施方案中明确预演时间；如果演练有多次，则大致列出每次演练的可能时间。演练的地点包括一处或多处。有多处演练地点的，应当明确各处地点的功能，如领导嘉宾观摩点、指挥部、各处现场处置点等，必要时可列出各处地点经纬度。

8.2.1.4　演练的组织机构

根据演练实际情况，组织机构一般包括主办单位、承办单位、协办单位、指导单位、参演单位等。以政府应急预案演练为例，主办单位指本次演练的发起单位，一般是各级人民政府或上一级的生态环境部门。承办单位指本次演练的具体实施单位，一般是本次牵头演练的生态环境部门。协办单位指本次实施过程中提供技术支持协助或赞助的企业事业单位。企业事业单位组织的环境应急演练中，主办单位为其本身，可以以当地生态环境部门或第三方技术单位作为指导单位。参演单位是指在整个环境应急演练过程中，根据突发环境事件应急预案职责分工，在事件处置过程中担负一定角色的单位。这些单位一些以"演"的角色出现，其有关行动根据要求，往往预先拍摄，如气象、水利、水文、新闻宣传等部门。另外一些可能会参与到现场，以"练"的角色出现，如公安、消防、海事等部门。可以以附件列表的形式列出各机构在演练各阶段的职责分工，列表中可包括部门名称、职责分工、人员需求、物资准备等信息。

8.2.1.5 演练的内容

突发环境事件发生后，在实际应急工作时一般为相关职能部门按各自职责开展救援处置工作，事发地政府分管领导指挥协调，因此环境应急演练场景设计时，一般基于在各政府相关职能部门协同处置的场景下，以环境应急工作人员的工作任务为主线。演练的内容主要包括假定演练的场景、应对流程以及演练方式。如假定以江河流域发生重金属泄漏事件（虚拟事件）为背景，通过桌面推演、实战演练、动态模拟和播放视频等方式，对突发环境事件应对过程中的信息报告、应急响应、污染源封堵及处置、水利调度、应急监测、新闻发布等环节进行实战和模拟演练，还原真实突发环境事件应急响应、处理处置全过程。整个应急演练过程可以由先期处置演练、信息报告演练、桌面推演、动态模拟展示、监测演练、水利调度演练、现场处理处置演练等环节组成。

8.2.1.6 演练的时序安排

以正式演练的时间倒推时序安排，为了提高效率，保证演练顺利准时开展，最好将时间安排精确到日。

8.2.2 场景构建及表现形式

突发环境事件具有高度的不确定性，一是发生状态的不确定性，二是事态变化的不确定性，同时又具有基本的周期性，都要经历潜伏期、暴发期、影响期和结束期4个阶段。基于不确定性和周期性等特点，可以根据演练的目的确定应急演练场景与任务。

目前，最常见的一种演练流程表现形式为：①预制拍摄一条因安全生产、交通事故或非法排污引起的突发环境事件短片，并在观摩席大屏幕播放，告知前因。②预制拍摄事件的信息报告或通报，以及接报后各相关职能部门启动应急响应的初次情景和行动，也在观摩席大屏幕播放，导入演练气氛。③实时转播事发地现场指挥、监测、会商、处置等情景，根据演练脚本要求的台词和步骤，实时直播参加人员的对话、行动，推进演练高潮。此环节是演练最重要的环节。在此环节，一般预制若干份环境监测报告、处置方案、信息发布稿等，按照演练的推进，逐一展示解说，作为浓缩事件时间线的标志，也是保证演练过程符合实际、保持完整性的必要操作。④以预制拍摄片及主持人解说引导作为演练结束环节。这种演练表现形式中，第 1 步、第 3 步、第 4 步主要表现为"演"，第 2 步主要为"练"，适合单个或若干个相邻市级、县区级生态环境部门作为主办单位或协办单位，演练时间一般只需要半天至一天。

近年来，国内有省份以"应急演练大比武"（以下简称为"应急比武"）的新颖形式组织省份内地级以上市生态环境局的环境应急演练。此种"应急比武"形式以分场景－多任务的思路构建。具体流程为：首先假定简述一起安全生产事故、交通事故或非法排污事件，该事件经同级其他部门通报或企业事业单位报告或"12345"政府热线通知举报，存在引发突发环境事件的可能性，同时以文本或视频等形式向参加"应急比武"的地方生态环境局通告这个场景假定信息；根据事件发展演变规律，在不同的时间点，继续以文本或视频的形式告知地方生态环境局，并要求这些单位完成指定的应急响应任务；最后，根据参加"应急比武"的单位各项应急响应任务的完成情况和完成时间进行量化打分，从而达到评价地方环境应急能力的目的。这种构建思路的优点是综合考虑国家相关法律法规、技术规范以及环境应急体系现状，从应急响应流程、信息报送、应急监测、应急处置、信息公开及舆情应对等方面兼顾开展，除污染物处置环节外，基本贴合实战情景，也适合多家单位同时开展，并能以一定的量化评价指标对多个地级市生态环境局或同一地级市内不同分局开展横向比较评价，缺点是考察应急处置（污染物处置）的实操性方面一般难以兼顾。

8.3　应急演练的实施

应急演练的实施主要依赖于应急演练组织机构，具体包括筹备和实施应急演练各项任务的专业工作组，这些工作组可基于演练全过程所涉及的工作以及演练发展态势而组建。一般情况下设立指挥领导组，下设方案策划组、指导协调组、摄制技术组、宣传材料组、后勤保障组等职能小组，各个职能小组应任务明确，避免职责重复。指挥领导组可设组长一名、副组长若干名，一般由主要领导担任，指挥领导组的成员由各职能小组长组成。各职能小组的职责一般可划分如下。

（1）方案策划组职责

全盘统筹实施本次演练。具体负责应急演练实施方案编写、脚本制定、经费预算和保障等与演练有关的事项。

（2）指导协调组职责

负责指导各参演单位开展应急演练（包括先期处置、信息报告、启动、推演、监测、现场应急演练等），负责应急演练过程中各场景的衔接与调度，确保实战演练达到预期目的及演练效果。各环节职责如表8-1所示。

表8-1　指导协调组各环节职责

演练环节	负责主要内容	人数
总调度	整体指导协调	1
场景调度	演练过程衔接、节奏控制、各场景调度	1
桌面推演调度	协助现场指挥部桌面推演	1
解说	协助主持人解说并引导领导致辞	1
媒体控制	现场直播、视频播放等设备技术保障	1
现场调度	事故现场应急、交通管控和疏导、医疗准备及救助、水利闸门或河段封堵等环节调度	若干
污染处置调度	挖土机、运土车进（撤）场，应急物资进（撤）场，人员车辆进（撤）场，现场采样及走航监测等环节调度	若干
无人机（船）控制	无人机（船）操控及信号传输	1

（3）摄制技术组职责

与第三方服务方签订拍摄合同，按照演练脚本内容，跟踪拍摄、制作相关视频，负责后期合成、剪辑；负责观摩会现场视频播放、实况拍摄、视频合成、配音（音乐）、现场主持及技术保障等事宜。

（4）宣传材料组职责

负责演练的开幕词、领导讲话、演练总结、专家评估、宣传稿件、新闻通稿的编制、校对、审核。

（5）后勤保障组职责

负责参演单位、观摩单位领导及人员的接待与协调；负责各应急小组所需器材、物资、设备的管理使用以及交通、通信等其他后勤保障工作；负责协调各有关部门及人员协助摄制技术组完成前期视频拍摄工作；负责准备演练及会议所需材料；负责演练现场的安全，参演人员、观摩人员的安全保障及突发事件应对；负责演练治安管理、现场协调与布置，负责现场的设备、物资、通信、电力等保障工作。

8.4　应急演练的过程

演练实施全过程主要分为演练启动、演练执行和演练终止。演练启动前，由演练组织领导进行讲话，演练总指挥宣布演练开始，从而启动演练活动。演练开始后，参演人员根据职能分工，按要求执行各自演练任务，有效地执行演练方案内容。演练完毕后，由总指挥发出结束信号，宣布演练结束。对演练过程中一切突发状况的发生，应当在演练前预先研判并安排备用方案。主要难点为控制演练时间和进度，主要问题点为设备故障、信号传输缓慢或中断、演练环节时序出现混乱等。另外，还需考虑演练过程中出现的一些极端情况，如参演人员发生意外事故等。即使有偏离演练方案的情况，只要演练总指挥灵活应对，各环节调度负责人密切配合，其他工作人员听从新指令并执行，基本能保证演练顺利完成。从另一个角度看，演练过程中出现的各种状况，实际上也可能是在真实突发环境事件应急响应过程中会出现的情况，从演练要达到的目的来看也有积极的一面。

8.5　常见问题

2009 年 9 月，国务院应急办出台了《突发事件应急演练指南》，这是国内专门用于规范全国各领域应急演练活动的指导性文件。《中华人民共和国突发事件应对法》和《突发环境事件应急管理办法》均对应急演练提出了原则性要求，但缺乏配套的环境应急演练的内容、程序等相应规范标准。《行政区域突发环境事件风险评估推荐方法》提出要进行情景分析，但对于突发环境事件情景如何构建，目前国内无相关参考规范。国内有专门针对环境应急监测的演练策划或基于工业园区有毒有害气体环境预警体系开展的应急演练，但均缺乏对演练评价指标体系设计及其所暴露问题进行的分析总结。

我国的环境应急管理制度标准体系对突发环境事件事前、事中、事后的全过程都有相关的管理办法和技术导则，但当前国家环境应急管理制度和技术指南大多集中于事前隐患排查、风险评估、应急预案以及事后调查处理、损害评估、污染修复等方面，对事中应急响应和应急处置等方面的制度标准体系比较缺乏。一般在政府或职能管理部门发布的应急预案中明确应急响应有关规定和程序。由于应急预案的差异性，不同地方的应急响应也有所不同，在应急处置过程中的成效也参差不齐。为了检验应急预案、提高应急响应能力，各级生态环境部门一般定期举办应急演练。目前，国内的环境应急演练一般是桌面演练和实战演练相结合的方式进行，演练持续时间多为半天至一天。环境应急演练中暴露的问题一般有以下两个方面。

（1）筹备工作不足

例如，演练策划过程中所设置的参演人员不全面，演练组织机构不健全，存在个别职能的功能性欠缺，演练各单位、部门应急机构协调性不足。有些演练内容过于简单，应急演练组织实施之前没有开展专门的培训与适当的讲解，使得演练过程中流程混乱，甚至会出现无法控制的局面。

（2）重"演"轻"练"

演练的目的往往是以宣传为主，应急演练被设置为有台词的剧本。演练场面浩大，多为事前拍摄效果，实际上一线人员参与度不够。例如，没有演练人员对事故行动研判的空间，真正"练"的作用收效不大，有些演练成了"走过场"或形式主义。

尽管环境应急演练在实践中难免遇到一些问题，但是只要演练筹备工作充分，"演"（事前拍摄）与"练"（事中实操）相结合，在教育、培训环境应急队伍方面，仍然有着非常重要的作用和一定的效果：一方面，让快速环境应急的理念深入到每位有关岗位人员心中；另一方面，对于承担环境应急有关职责的人员，也是其学习、熟悉完整应急流程和强化职责理解的重要途径。

8.6 应急演练案例

8.6.1 华南某省突发环境事件"应急演练大比武"

8.6.1.1 演练场景和任务

演练共分 4 个场景、9 个任务，各模拟场景及任务定时分发，各演练单位在限定时间内完成，提前完成任务可领取下一任务书，每项任务单独提交材料，且材料中不能出现市、单位和个人的任何信息，这些信息以抽签确定的编号代替。场景地图构建如图 8-1 所示，演练场景构建及演练任务内容如表 8-2 所示。

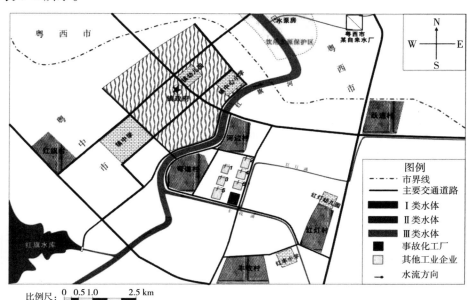

图 8-1　突发环境事件应急演练场景地图构建

表 8-2　突发环境事件应急演练场景构建及演练任务

场景构建	演练任务	时间阶段（限时）
场景一：2019 年 7 月 22 日 9：00，粤中市生态环境局值班人员接到 A 化工有限公司（以下简称"A 公司"）电话报告，称 A 公司化工合成车间反应釜 8：50 爆炸起火，产生大量浓烟。爆炸冲击波导致原料车间苯储罐产生严重泄漏，公司已启动突发环境事件应急预案并自行组织人员开展救援，部分事故废水已泄漏至厂外。公司地址为粤中市粤中区粤中镇弯道村工业园，周边有村庄和学校。目前伤亡人数尚不清楚。公司已向当地镇政府及应急管理部门报告	任务 1：简述市生态环境局在上述场景中的接报、指挥调度等情况	9：00—9：15（15 min）
场景二：当日上午 9：30，粤中市生态环境局应急人员到达 A 公司现场勘查，向 A 公司相关负责人了解情况。A 公司建于 2004 年，以生产苯二胺为主，主要原料为苯、硝酸、氢气，目前厂内估计储存纯苯 100 t、浓硝酸 100 t、液氢约 2 t，苯二胺产品约 50 t，工厂现有员工 72 人。因工人操作失误，导致本次爆炸发生。目前已确认事故现场苯、苯二胺各有 1 个储罐底部阀门脱落且发生泄漏，初步估计苯泄漏量为 10 t、苯二胺泄漏 10 t，目前已将部分事故废水导入事故应急池。A 公司周边有幼儿园、小学、村庄，厂界附近有五金厂、制药厂、食品厂等，上游有市级备用水源水库，下游有自来水厂取水口，离 A 公司直线距离不到 5 km 为粤西市。粤中市生态环境局应急人员在现场发现事故废水已漫过事故应急池，溢流到了厂区雨水排放沟渠并流入丰收涌，且消防作业仍在紧张进行中。事故现场已无明火，仍冒浓烟。据粤中镇政府现场工作人员统计，截至 9：30，爆炸事故已造成 15 人死亡，因浓烟影响而疏散事故企业周边人员约 6 000 人。应急人员对周边河涌、河流进行监测，丰收涌平均流速约 0.6 m/s，流量约 4 m³/s；红旗河平均流速约 0.5 m/s，流量约 24 m³/s；河涌、河流最宽处不超过 50 m，河流最深处水深不超过 3 m。现场瞬时实测风速 2 m/s，风向为东南风	任务 2：根据现场勘查，明确事件定性、定级，完善初报报告	9：15—10：00（45 min）
	任务 3：根据现场情况制定应急监测方案	9：15—10：00（45 min）

续表

场景构建	演练任务	时间阶段 （限时）
	任务4：根据已掌握的信息及不同时段虚拟监测结果数据表（裁判组提供虚拟监测数据），制定现场处置方案	10：00—11：00 （60 min）
	任务5：完成大气挥发性有机物采样（不限采样方式），并提交采样原始记录表	10：00—10：30 （30 min）
场景三：当日上午10：00，粤中市生态环境局派工作人员根据应急监测方案开展水、气应急监测。政府各部门环境应急工作有条不紊地开展	任务6：提交监测方案后领取有机气体样品，完成这些样品的所有组分定性分析及苯系物（苯、甲苯、二甲苯）定量分析	10：00—13：00 （180 min）
	任务7：提交监测方案后领取考核水样，完成水样的苯胺类化合物项目分析测定并提交结果	10：00—13：00 （180 min）
	任务8：根据已掌握的信息，完成各阶段突发事件信息专报	10：00—13：00 （180 min）

续表

场景构建	演练任务	时间阶段（限时）
场景四：当日 10：30，粤中市网络舆情信息中心通报，部分网民在微信朋友圈、微博等自媒体传播有关 A 公司爆炸事故现场的文章、照片及视频，主要传播内容包含受损建筑物、死伤人员等。部分网民留言如下。 王二说：我家就住粤中镇幼儿园附近，看到有烟，目前未闻到特别气味。 张三说：爆炸的烟气扩散到四周，黑沉沉的，听我朋友说他住在红旗村都闻到了非常大的气味，持续了很久。 李四说：听我朋友说，这个厂爆炸死了 50 多人，伤了几百人。 赵五说：听说这间工厂有上千吨原料苯泄漏出来了，现在丰收涌都是黑色的。苯是致癌物质，大家别打开家里的水龙头，红旗河下游水厂已经被污染了。 赵五配发了一些人抢购矿泉水的短视频（短视频内容事后被网友证实是几年前其他地方的情况）	任务 9：各市参赛队根据上述舆情，就已掌握的情况，给市新闻发言人拟定舆情回应通报	10：30—11：00（30 min）

由图 8-1 可见，事发地具有明显的发达城镇村镇工业园特征，工业园距离居民区、学校、政府等环境敏感点较近，且周边密布大大小小的河涌。场景地图构建的要素包括水库、河、涌、自然村、学校、政府、工厂、自来水厂取水口等，且事发地地理位置为不同地级市交界区域，受影响的河流流经两市。

8.6.1.2 演练任务主要评价要点

演练任务 1～任务 9 的评价要点及与此对应的法律法规、技术规范等依据资料如表 8-3 所示。场景一简述了事件的起因及应对过程（任务 1）。应急接报的途径主要有企业直接电话报告当地生态环境部门、应急管理局（政府应急办）通告、"110" 报警台通告、上级主管部门调度等方式。任务 1 主要设计从企业端应急接报评价到生态环境部门接报应对过程的合理性和有序性。

表 8-3　突发环境事件应急演练任务主要评价要点

任务	主要评价要点	主要依据
1	描述值班人员询问事故公司相关必要信息；接报后值班员上报情况；分管领导研判事件等级；分管领导上报市政府、省生态环境厅；分管领导调度粤中区生态环境局情况，指派市环境应急工作人员到现场	《中华人民共和国突发事件应对法》、《国家突发公共事件总体应急预案》、《国家突发环境事件应急预案》（国办函〔2014〕119 号）、《关于切实加强突发事件信息报告工作的通知》（应急办函〔2015〕16 号）、《突发环境事件信息报告办法》（环境保护部令　第 17 号）
2	根据突发环境事件应急预案，明确事件为较大突发环境事件；事件发生的时间、地点、信息来源、事件起因、性质；污染物种类（水中苯、苯胺类，气中苯、苯胺类、NO$_x$）及泄漏量；企业人员伤亡情况、敏感点（村庄、河流）环境影响情况（水、气）；向市政府、省生态环境厅报送信息并已采取应急处置措施（包括场景已描述出的企业、镇政府、生态环境部门措施）；应急监测情况；拟采取的措施；格式正确、语言通顺，无错别字	
3	方案编制要点：简述；分析项目，空气污染物必测项目应包含苯、一氧化碳、苯胺类、颗粒物、NO$_x$，水污染物必测项目应包含 COD、NH$_3$-N、苯、苯胺类、pH；分析方法和仪器设备。点位及频次：监测点位；频次（有区分：初期、中期、末期）。质控措施：空白样；平行样；质控样；审核。责任分工及联系人包括数据上报联系人及电话、应急联系人及电话、监测站负责人及电话、工作分工、方案启动时间	《突发环境事件应急监测技术规范》（HJ 589—2010）
4	有明确的应急分工安排则得分；提出根据影响范围，疏散周边群众；采取措施封堵雨水排放口；提出采用吸油毡、围油栏等应急物资，在丰收涌等污染河涌实施吸附；提出利用备用水源库放水稀释冲污；提出围堵的污染物应以危废收集、转移及处理；提出事后开展损害评估要求	《中华人民共和国固体废物污染环境防治法》、《国家突发环境事件应急预案》（国办函〔2014〕119 号）

续表

任务	主要评价要点	主要依据
5	采样器材一次性准备妥当，无返场地补拿情况；采样人员穿戴防毒面具、防护手套、防护服等；采样点周围应开阔，采样口至障碍物顶部与地平线夹角应小于30°；避开树木及吸附能力较强的建筑物；采样口离地面高度应在1.2～15 m范围内；采用便携式气质仪现场分析，监测动作规范；采用注射器采样，注射器现场洗涤，样品竖直放置；使用苏玛罐采样，检查苏玛罐真空度；使用气袋采样，使用前应用气样反复洗涤气袋3次；风速观测、风向观测、气温观测、大气压观测；采集现场平行样；采样记录内容完整，字迹清晰、书写工整、数据更正规范、样品标识清楚	《突发环境事件应急监测技术规范》（HJ 589—2010）、《环境空气质量手工监测技术规范》（HJ 194—2017）
6	续报：人员、环境影响最新情况；已采取的应对措施；应急监测情况（监测方案制定、调整情况、监测频次、监测数据、监测布点图）；是否确定对取水口的影响；是否向粤西市通报污染情况；下一步采取的措施；无错别字、格式规范。 终报：事件发生的原因、经过、处置情况；监测最终结果；工作经验与教训；提出损害评估要求；事件责任调查处理情况；无错别字、格式规范。 信息公开：有主动对事件作信息公开（如线上线下发公告、开新闻发布会等）	《中华人民共和国政府信息公开条例》（国务院令 第711号）、《国务院办公厅印发〈关于全面推进政务公开工作的意见〉实施细则的通知》（国办发〔2016〕80号）、《突发环境事件信息报告办法》（环境保护部令 第17号）、《突发环境事件调查处理办法》（环境保护部令 第32号）、《关于进一步做好突发环境事件信息公开工作的通知》（环办函〔2014〕593号）
7	数据处理及原始记录、回归方程线性、精密度、准确度	《水质 苯胺类化合物的测定 N-（1-萘基）乙二胺偶氮分光光度法》（GB/T 11889—1989）、《环境空气 挥发性有机物的测定 罐采样/气相色谱-质谱法》（HJ 759—2015）、《数值修约规则与极限数值的表示和判定》（GB/T 8170—2008）
8	数据处理及原始记录、定性结果的准确率、测定结果相对平均偏差、准确度	

任务	主要评价要点	主要依据
9	格式规范，无错别字；针对谣言要点，结合数据，通俗易懂地回应谣言；通报目前调查结果；安抚群众，劝导不传谣、不信谣	《关于印发〈碳九泄漏事故舆情应对分析评估会情况报告〉的通知》（环办宣教函〔2019〕94 号）、《国务院办公厅印发〈关于全面推进政务公开工作的意见〉实施细则的通知》（国办发〔2016〕80 号）、《中华人民共和国政府信息公开条例》（国务院令　第 711 号）、《地表水环境质量标准》（GB 3838—2002）、《环境空气质量标准》（GB 3095—2012）

场景二描述了应急人员到场后获取更详尽的事故信息、事发地敏感点信息以及环境现状信息，为事件定级及初报（任务 2）、应急监测方案制定（任务 3）提供依据。场景二中任务 2 专门设计了突发环境事件准确定级的认识易错点，"爆炸事故已造成 15 人死亡"为《中华人民共和国安全生产法》安全生产应急预案中的重大事件，"因浓烟影响而疏散事故企业周边人员约 6 000 人"则为《国家突发环境事件应急预案》中的较大突发环境事件。任务 3 要求根据场景二完成一次应急监测方案制定。

场景三简要描述生态环境工作人员开展应急监测及各项工作，对应任务 4～任务 8，是本次演练设计的主要部分。政府突发环境事件应急预案启动后，应急响应涉及的政府机构众多，此处场景描述可简化，但任务指令应详细。生态环境工作人员结合实战要求，在本次演练中的任务包括完成指定大气污染物的采样（挥发性有机物现场采样）、指定大气污染物定性定量分析（预先配制含 43 种挥发性有机化合物的气袋样品作演练考核样）、指定水样定量分析（给定苯胺标准样品盲样，水质采样环节因演练时间关系不做要求）。应急监测首要要求是"快"，其次才是"准"，因此，演练设计时应考虑各地事先制定的演练时间长短，提前开展预评估，合理制定应急监测的评价指标。任务 7 中水样应急监测环节模拟的是现场采样后送实验室分析，样品来源为标准物质，故参照《突发环境事件应急监测技术规范》（HJ 589—2010）中"6.4 实验室质量保证及质量控制"要求，提出严格质控措施，评价的是分析人员能力素质。任务 5～任务 6 为大气挥发性有机物（VOCs）采样及分析，参照 HJ 589—2010 中"4.3.5 现场监测的质量保证"，主要针对采样环节的质控要求，因应急监测样品来源为 Linda 标准气体，故引入准确度来评价地市应急监测能力；实际应急监测演练不可单纯地强调准确度，在应急能力评价中，完成任务耗时情况也应作为评价指标。在场景三的演练考核时段，裁判组提供至少两套虚拟的应急监测结果数据表。虚拟监测结果数据表给出了事发地周边上下风方向环境敏感点污染物不同时段的监测结果，以及红灯涌、丰收涌、红旗河上下游各处断面水质污染物监测结果。参演队伍根据监测结果制定应急处置方案，完成续报、终报及阶段性信息公开。

场景四描述的是事件相关的网络舆情传播，真假混杂。事件的信息隐藏在场景二和场景三派发的虚拟监测结果数据表中，要求参演队伍及时做好辟谣工作及安抚群众。虚拟监测结果数据表已设定结果为红旗村、粤中镇幼儿园大气环境质量数据达标，市界断面水质污染物达标，为舆情应对工作（任务 9）留下辟谣线索。任务 9 的派发时间在其他任务应对期间且限时较短，这也切合网络舆情产生与应对的规律。

8.6.2 两省（区）跨界污染突发环境事件联合应急演练

8.6.2.1 演练场景

× 年 × 月 × 日清晨 6 时左右，一辆改装后的厢式载货车在粤桂合作特别试验区一处荒地偷排约 5 t 散发刺激性气味的油状黏稠废物。

× 年 × 月 × 日 8 时，粤桂合作特别试验区（梧州）管委会巡查队员在巡查园区时发现了该堆倾倒物，此时区内多名人员因吸入了有毒有害气体，出现头昏、恶心、呕吐等症状。粤桂合作特别试验区（梧州）管委会立即将有关情况上报并请求救护、救援。

事发地点位于粤桂两省（区）交界，下游 5 km 处为国家考核断面（广东省肇庆市）封开城上水质自动监测站。部分倾倒的废物受地势影响，逐渐流入一旁的小溪，既而外流至西江，西江江面出现了油污带，西江下游水质可能受到影响。

8.6.2.2　演练流程和任务

（1）启动应急响应

事件信息经粤桂合作特别试验区（梧州）管委会、万秀区人民政府、梧州市生态环境部门报送至梧州市人民政府。万秀区人民政府及粤桂合作特别试验区（梧州）管委会组织开展先期处置，市直有关部门到达现场，根据职责指导开展先期处置工作。

梧州市人民政府接报后，根据事态初期处置情况和市生态环境部门建议，启动市突发环境事件应急预案（Ⅲ级）应急响应，同时成立市应急指挥部（由市人民政府分管领导任指挥长，市生态环境局局长任副指挥长和现场指挥官），指挥市卫健、公安、消防、海事、军分区、水利、水文、气象、交通、应急、航道管理等有关部门积极参与并做好应急处置工作，将情况及时上报广西壮族自治区政府，同时根据梧肇环境联防联控工作方案有关规定，通报广东省肇庆市人民政府，两市联动共同应对该事件。梧州市生态环境局同步向广西壮族自治区生态环境厅报告。

肇庆市根据通报情况决定发布突发环境事件预警信息，并启动相应应急响应，立即派出应急工作组到粤桂西江交界附近开展应急工作，做好拦截污染物准备，以保障辖区饮用水水源安全。

广西壮族自治区生态环境厅接报后，根据《粤桂两省（区）跨界河流水污染联防联治协作框架协议》等相关文件要求，将有关情况通报广东省生态环境厅。

（2）污染物处置

梧州市、肇庆市有关部门分别在所在市应急指挥部指挥下，在应急专家的技术指导下，采取措施控制并消除污染。

梧州市事发现场：市卫健部门组织救护车辆及人员救护中毒人员；市交警部门维持现场秩序，临时管控交通；市生态环境部门操控无人机侦查事发现场周边环境、西江江面受污染状况，对事发现场废物刺激性气体、受污小溪和西江水质、倾倒废物的属性开展相应的监测；市公安部门提前介入，在场侦查并指导生态环境部门固定违法犯罪证据，同时通过公安指挥中心调度监控画面，查找嫌疑车辆、搜捕嫌疑人；市交通运输部门通过内部系统协助追查嫌疑车辆运输资质、查找嫌疑营运车辆轨迹；市消防部门用沙袋在事发小溪处筑坝拦截，并联合第三方环境应急救援队伍切断水体污染源头，清理污染物；梧州市军分区出动冲锋舟在江面跟踪定位油污带，并向过往船只和两岸居民、生产企业预警；市海事部门组织对事发现场对出江面上游、下游各 500 m 水域进行临时交通管制，布设相应围油栏以对进入西江江面的油污带进行拦截、回收，市航道管理部门协助；市水利、水文、气象、宣传、应急管理等部门作为专家组成员参与有关研判、分析过程；万秀区人民政府、粤桂合作特别试验区（梧州）管委会作为应急处置的主体，会同第三方环境应急救援机构对水体污染物进行清除。

肇庆市：主要参与梧州市现场演练，在肇庆市内的现场演练动作自定，提前做好预拍摄工作。肇庆市生态环境部门操控无人机，在事发现场及下游辖区范围侦查受污染状况，出动快艇、无人船等在交界处采集相关水样。肇庆市海事部门提前在事发现场对出江面下游布设围油栏，预防污染物跨省界。

在整个应急演练活动中，梧州市、肇庆市充分利用视频通信手段对事件的应急处置工作进行实时会商，同时分别指挥下辖的市有关部门开展应急处置工作，接收各自应急工作组报送的信息。

（3）应急终止

经过密切配合、科学处置，梧州市将污染物浓度稳定控制在达标水质范围内，消除对下游肇庆市饮用水水源地的威胁。经专家建议，梧州市应急指挥部、肇庆市应急指挥部研究决定传达应急终止指令。各参演部门根据本市应急指挥部命令，按规定终止应急处置工作。梧州市应急指挥部、肇庆市应急指挥部分别模拟召开新闻发布会，向社会公开突发环境事件应急终止信息。

（4）善后处置

应急处置结束，按规定开展已使用应急物资收集、现场残留废物及洗消废水的处置和事故后续调查、损失评估、责任认定、案件查处等善后处置工作。

8.6.2.3 演练脚本（节选）

序号	时长	演练阶段	主要内容	动作/情景	角色	台词	大屏显示内容
1	（预计9:20开始准备）2 min	演练准备	参演人员入场	各参演单位人员进入指定地点（1.梧州市参演方队；2.肇庆市参演方队）	主持人	请各参演单位进入指定地点	字幕："2020年粤桂两省（区）西江流域突发环境事件联合应急演练"（字幕均为预制，下同，不再列明）
2	1 min	演练准备	视频通信开通	两市视频通信开通	总导演	请技术人员确认通信系统准备情况	
3	1 min	演练准备	视频通信问答	两市视频通信问答	技术人员	（用对讲机问答，不在指挥部音箱播出来）报告总导演：梧州市现场指挥部通信系统信号正常。肇庆市现场指挥部通信系统信号正常	分别展示梧州市、肇庆市现场指挥部视频通信系统（进入预定小屏滚动、实况）
4	6 s	演练准备	导调人员汇报	各参演单位就绪	现场导调人员	报告总导演：各参演队伍已经进入指定位置	字幕："2020年粤桂两省（区）西江流域突发环境事件联合应急演练"

续表

序号	时长	演练阶段	主要内容	动作/情景	角色	合词	大屏显示内容
5	1 min	演练准备	请观摩领导就座	参演及观摩领导进入指挥部就座	主持人	请引导人员引导各位领导和嘉宾进入指挥部就座	字幕:"2020年粤桂两省(区)西江流域突发环境事件联合应急演练"
6	2 s	演练准备		用对讲机询问	总导演	现场是否准备就绪	各现场确认准备就绪画面
7	1 min	演练准备	向现场确认准备就绪	用对讲机询问、回答	各组负责人	(现场各参演部门负责人分别报告) 各自汇报:×××组现场准备就绪	(实况)
8	10 s	演练准备		用对讲机指挥	总导演	请解说员全程注意听我指挥,下面准备介绍演练基本情况。解说员,请开始	字幕:"2020年粤桂两省(区)西江流域突发环境事件联合应急演练"
……	……	……	……	……	……	……	……
12	3 s	—	—	—	—	—	字幕:一、事发场景

续表

序号	时长	演练阶段	主要内容	动作/情景	角色	台词	大屏显示内容
13	2 min	事件发生	事发场景	交代事发场景	（预拍短片，旁白）	×× 年 × 月 × 日清晨 6 时左右，一辆改装后的厢式载货车在粤桂合作特别试验区一处荒地偷排约 5 t 散发刺激性气味的油状黏稠废物。当日 8 时，粤桂合作特别试验区（梧州）管委会巡查队员在巡查园区时发现了该堆倾倒废物，区内多名人员因吸入了有毒有害气体，出现头晕、恶心、呕吐等症状。巡查人员上报情况后，粤桂合作呼叫救护车并将情况报告万秀区人民政府和梧州市生态环境局。事发地点位于粤桂两省（区）交界，下游 5 km 处为国家考核断面开城上水质自动监测站。部分倾倒的废物受地势影响，逐渐流入一旁的小溪，既而外流至西江，西江下游肇庆水质可能受到影响。此时，西江下游肇庆市开城上水质自动监测站监测结果尚未出现异常	字幕（满五行后逐行渐消）：× 月 × 日清晨 6 时，一辆改装后的厢式载货车在粤桂合作特别试验区一处荒地偷排油状黏稠废物。散发的气体导致园区管委会巡查队员多人出现头晕、恶心、呕吐等症状。园区管委会呼叫救护车并上报告万秀区人民政府和梧州市生态环境局。事发地点位于粤桂两省（区）交界并邻近国家考核水质断面（封闭城上断面）。部分倾倒的废物受地势影响，既而外流至西江，西江江面出现少量可能受到影响水质的油污，西江下游肇庆市封开城上水质自动监测站检测结果尚无异常（预拍、预制）

续表

序号	时长	演练阶段	主要内容	动作/情景	角色	台词	大屏显示内容
……	……	……	……	……	……	……	
20	15 s	事件报告	市生态环境局接报与核实	梧州市生态环境局应急人员赶往现场	（预拍短片，旁白）	梧州市生态环境局接报后，立即安排万秀区生态环境局派员到场核查并组织应急人员赶往现场	字幕：二、事件报告 梧州市生态环境局出发场景（预拍短片，强调梧州市环境应急指挥中心画面）
……	……	……	……	……	……	……	
27	1 min	事件报告	万秀区有关部门先期处置	万秀区相关部门开展先期处置工作	（预拍短片，旁白）	万秀区人民政府接到报告后，立即组织人员赶赴现场，合同粤桂合作特别试验区（梧州）管委会开展先期处置工作	（预拍短片）万秀区部门人员到达现场场景，开展工作 内容：卫生部门抢救昏迷人员；消防部门准备沙袋堵截污染小溪，并就地清理倾倒的废物
28	14 s	事件报告	事件严重化	西江已发生污染	解说员	目前西江江面出现少量油污带，尚未进入广东境内。万秀区生态环境局将最新情况报告梧州市生态环境局	镜头对准支流和西江江面（现场实时拍摄，水面预先撒入木屑等标志物）
……	……	……	……	……	……	……	……

续表

序号	时长	演练阶段	主要内容	动作/情景	角色	台词	大屏显示内容
34	27 s	事件报告	市领导指示	梧州市人民政府领导作出部署	解说员	梧州市人民政府接报后，根据事态初期处置情况和市生态环境事件部门建议，启动市突发环境事件应急响应（Ⅲ级）应急预案，同时成立市应急指挥部（由市人民政府分管领导任指挥长，市生态环境局局长任副指挥长和现场指挥长，指挥市卫健、公安、消防、气象、军分区、交通、应急、水利、水文、海事、航道管理等有关部门积极参与并做好应急处置工作，将情况及时上报广西壮族自治区政府，同时根据梧肇环境联防联控工作方案有关规定，两市联动共同应对该事件。梧州市生态环境局同步向广西壮族自治区生态环境厅报告	（现场实况）××副市长特写 屏幕显示：梧州市应急响应级别条件 屏幕下方小字：梧州市应急响应级别条件文本已放在各位领导桌面（文本、预制、打印出来放在观摩领导桌面） （大字字幕）梧州市人民政府启动突发环境事件应急预案，成立市应急指挥部（实况） 屏幕下方小字：梧州市人民政府突发环境事件通报正式文书已放在各位领导桌面（文本、预制、打印出来放在观摩领导桌面）

续表

序号	时长	演练阶段	主要内容	动作/情景	角色	台词	大屏显示内容
35	3 s	—	—	—	—	—	字幕：三、应急响应
……	……	……	……	……	……	……	……
38	46 s	应急响应	梧州市开展应急处置工作	应急处置	解说员	梧州市人民政府根据应急专家的技术指导，采取应急措施控制和消除污染，切断污染源，拦截事发点小溪中的污染物，并对漂浮于西江江面的油污带开展拦截处置工作。西江水流量较大、流速较快，且事发地位于两省（区）交界，不排除部分污染物因未能及时被拦截而流进广东省境内的可能。梧州市生态环境局局长××向广西壮族自治区生态环境厅报告事件情况	展示拦截污染物画面（预拍）；展示西江流量大、流速快画面（预拍）

续表

序号	时长	演练阶段	主要内容	动作/情景	角色	台词	大屏显示内容
39	67 s	应急响应	市生态环境局报告自治区生态环境厅	梧州市生态环境局向广西壮族自治区生态环境厅报告	××局长	报告广西壮族自治区生态环境厅，我是梧州市生态环境局。今天清晨 6 时，在我市粤桂合作特别试验区旁的荒地，有人非法倾倒散发刺激性气味的油状黏稠废物。粤桂合作特别试验区人员在巡查时因吸入废物散发的有毒有害气体，导致有 5 人出现头晕、恶心、呕吐等症状。目前，西江江面出现了少量油污带，因事发点位于粤桂两省（区）交界处，危及周边人民群众生命安全以及下游西江水质。不排除部分污染物可能已进入广东省境内，造成跨界污染，需要广东省应急监测数据统一协调指挥，我市各级省各部门已进入应急状态，成立了应急指挥部。我局已派副局长赶赴现场，需要广东省应急监测数据判定。我局已将事件情况通报肇庆市并建议做好应急监测和预警工作，事件初报已经上报区厅。请指示	（预拍画面） ××局长特写（视频通信画面） 屏幕下方小字：事件初报已放在各位领导导桌面。（文本，预制，打印出来放在观摩领导桌面）

187

续表

序号	时长	演练阶段	主要内容	动作/情景	角色	台词	大屏显示内容
……	……	……	……	……	……	……	……
45	45 s	应急响应	监测预警	省厅指挥调度事件	解说词	在西江下游，广东省方面也开展了应急响应工作。广东省生态环境厅先后从肇庆市生态环境局、广西壮族自治区生态环境厅接报后，广东省生态环境厅分管厅领导指示肇庆市生态环境局做好应急准备并前往粤桂交界开展应急监测与应急准备工作	屏幕显示：广东省省应急响应工作启动
46	15 s	应急响应	监测预警	开展应急监测	（预拍短片画外音）	肇庆市生态环境局根据广东省生态环境厅指示，派出市监测站人员前往交界断面及下游取水口开展应急监测	屏幕同步显示预拍画面：肇庆市生态环境局应急监测人员出发画面
……	……	……	……	……	……	……	……

续表

序号	时长	演练阶段	主要内容	动作/情景	角色	台词	大屏显示内容
48	1 min	应急响应	肇庆市启动预案	肇庆市启动预案	解说员	肇庆市人民政府接到梧州市环境厅通报、肇庆市生态环境局有关报告后，根据事态决定启动肇庆市突发环境事件应急预案（Ⅲ级）应急响应，成立肇庆市应急指挥部，总指挥为分管副市长××，副总指挥为肇庆市生态环境局局长××，并召集生态环境保护、环境监测、水利、水文等领域专家组建专家咨询组，为事件应急工作提供技术支持	屏幕显示：肇庆市应急响应级别条件。屏幕下方小字：肇庆市应急响应级别条件文本已放在各位领导桌面。（文本、预制）（大屏字幕）肇庆市人民政府启动突发环境事件应急预案，成立市应急指挥部。肇庆市应急指挥部（实况）
……	……	……	……	……	……	……	……
51	3 s						字幕：四、应急处置
52	23 s	应急处置	两省（区）沟通协调	粤桂两省（区）对接协调应急处置工作	解说员	梧州市应急指挥部、肇庆市应急处置指挥部在应急处置期间召开视频会议，共享事件应急情报，协调粤桂双方应急联动，并分别通过视频指挥下辖的肇庆市、梧州市开展应急处置工作，决定应急处置有关事项	字幕：梧州市应急指挥部、肇庆市应急指挥部在应急处置期间同通过视频通信对接协调应急处置工作

续表

序号	时长	演练阶段	主要内容	动作/情景	角色	台词	大屏显示内容
53	5 min	应急处置	梧州市、肇庆市应急处置	梧州市、肇庆市各有关部门应急处置	解说员	在本市应急指挥部指挥下，梧州市、肇庆市分别采取措施开展应急调查、应急监测、应急处置工作。（实况展示梧州市的应急工作。现在展示梧州市的应急工作。（实况演示主要有关部门动作）此外，市水文部门提供河流流水文数据；市水利部门组织长洲水利枢纽做好调水冲污准备工作；市宣传部门组织开展水情舆情监测和配合相关部门应急新闻发布工作；市气象部门做好事件应急舆情配合布工作；市气象部门提供天气预报附近未来几天天气预报	（实况切播梧州市各有关部门应急处置动作，伴随该部门人员画外音，报告他们正在干什么）；卫健部门组织救护车辆及人员救护中毒人员；交警部门维持现场秩序，临时管控交通；生态环境部门操控无人机侦查发现场周边环境、西江江面受污染状况，对事发现场废物倾倒废物刺激性气体、受污染小溪和西江水质，受污染废物的属性开展相应的监测；公安部门提前介入，在场侦查并固定生态环境部门固定违法犯罪证据，同时通过公安指挥中心调度监控画面，查找嫌疑车辆、搜捕嫌疑人；交通运输部门通过内部系统协助追查嫌疑车辆运输货质、查找嫌疑运营车辆轨迹；

续表

序号	时长	演练阶段	主要内容	动作/情景	角色	台词	大屏显示内容
53	5 min	应急处置	梧州市、肇庆市应急处置	梧州市、肇庆市各有关部门应急处置	解说员	在本市应急指挥部指挥下，梧州市、肇庆市分别采取措施开展应急调查、应急监测、应急处置工作。现在展示梧州市的应急工作。（实况演示各主要有关部门动作）此外，市水文部门提供河流水文数据；市水利部门组织长洲水利枢纽做好调水冲污准备工作；市宣传部门组织开展好舆情应急新闻发布工作；市气象部门做好相关应急气象保障工作；气象部门提供近期未来几天天气预报附近未来几天天气预报	消防部门用沙袋在事发小溪处筑坝拦截，并联合应急救援队伍切断水体环境污染源头，清理污染物；梧州市军分区定位油污带，并向江面跟踪定位油污带、过往船只和两岸居民、生产企业预警；海事部门组织对事发现场对出江面上游、下游各 500 m 水域进行临时交通管制，布设相应围油栏以对进入西江江面的油污带进行拦截、回收、航道管理部门协助；水利、水文、气象、宣传、应急管理等部门作为专家组成员参与有关研判、分析过程；万秀区人民政府、粤桂合作特别试验区（梧州）管委会作为应急处置的主体，会同第三方环境应急救援机构对水体污染物进行清除

续表

序号	时长	演练阶段	主要内容	动作/情景	角色	台词	大屏显示内容
54	30 s	应急处置	梧州市现场调查	梧州市现场调查	解说员	梧州市现场调查组到达现场，察看污染源控制情况，出动无人机沿着西江流域查看江面污油扩散情况，收集、核实现场应急处置信息，及时向现场指挥官反馈处置进度与相关信息	展示无人机上天情景（展示无人机上天情景）
55	23 s	应急处置	梧州市现场调查	梧州市现场调查组汇报	现场调查组	报告现场指挥官，我是现场调查组，我们已沿着西江下游调查，事故点已实施拦截措施，西江江面采取吸油、拦截措施后，效果良好，基本无油污继续下泄，未发现省界附近江面有油污带，报告完毕	展示对话实况，分屏显示（展示对话实况，分屏显示汇报人员和指挥官特写）
56	4 s	应急处置	梧州市现场调查	梧州市现场指挥官指示	现场指挥官	收到，请持续观察污染物扩散情况	展示对话实况，分屏显示（展示对话实况，分屏显示汇报人员和指挥官特写）
57	20 s	应急处置	梧州市追查违法行为	梧州市追查非法倾倒危险废物行动	解说员	梧州市生态环境、公安、交通等部门联合进一步追查废物来源，固定违法犯罪证据，充分利用监控系统查找嫌疑车辆轨迹、嫌疑人下落	展示公安部门监控系统画面（预拍）

192

续表

序号	时长	演练阶段	主要内容	动作/情景	角色	台词	大屏显示内容
58	1 min	应急处置	梧州市现场监测	梧州市现场监测	解说员	环境监测人员根据现场指挥部指令，在专家组的指导下制定应急监测方案，布设应急监测点位，调配应急监测设备、无人采样船等装备进行采样、监测，结合现场调查反馈信息布设相应数量的监测点位，并派遣监测分队分别开展应急监测	（现场实况，加字幕解释在干什么） 1. 展示对污染小溪、小溪至西江交汇口及其上游 100 m 和下游 1 km 处，两省（区）交界断面等多个采样点水质和倾倒废物采样并送实验室进行属性鉴别示例采样点。（动画展示采样画面） 2. 展示现场搭建户外实验室以对重金属污染物指标进行分析的过程。 3. 展示应急监测车及其监测过程画面
59	9 s	应急处置	梧州市现场监测	梧州市现场监测	解说员	获取监测结果后，应急监测组长立即向现场指挥官报告各采样点的水质监测情况	字幕：应急监测组向现场指挥官报告监测情况

续表

序号	时长	演练阶段	主要内容	动作/情景	角色	台词	大屏显示内容
60	47 s	应急处置	梧州市现场监测	梧州市应急组监测组汇报	应急监测组组长	报告现场指挥官,我是应急咨询组的组长。我组结合专家咨询组的意见,已对事发地小溪、西江上下游河段进行重金属污染物项目现场快速监测,其中事发地小溪、实测水质锌、铜、pH 等项目超标,西江河段石油类项目超标,其他污染物未见异常。根据西江流域水文部门提供的信息,目前西江流速约为 4.5 m/s,水位约 2.68 m,流量约 2 000 m³/s,污染物扩散速度与流速相当。此外,倾倒废物属性鉴别工作正在开展中,报告完毕	(展示对话实况、分屏显示汇报人员和指挥官特写;监测报告已放在各位领导桌面(文本,预制))
61	4 s	应急处置	梧州市现场监测	梧州市现场指挥官指示	现场指挥官	收到,请持续开展应急监测工作	(展示对话实况、分屏显示汇报人员和指挥官特写)
62	1 s	应急处置	梧州市现场监测	梧州市应急监测组回答	应急监测组组长	是	(展示对话实况、分屏显示汇报人员和指挥官特写)
63	16 s	应急处置	梧州市应急咨询组研判	梧州市专家咨询组分析研判	解说员	专家组通过油类污染物扩散模型预测分析,显示污染扩散范围不会延伸至下游地市,专家组组长立即向指挥部汇报情况	字幕:专家组分析研判

续表

序号	时长	演练阶段	主要内容	动作/情景	角色	台词	大屏显示内容
64	37 s	应急处置	梧州市应急专家研判	梧州市专家咨询组分析研判	专家咨询组、现场指挥官	报告指挥部，我是专家咨询组。根据现场调查信息及应急处置组监测通报信息，在小溪入西江交汇口处源头，目前西江河段未出现围截筑坝，涉重金属指标超标。我们开展了污染物扩散预测分析，分析认为在事发污染源得到及时控制的情况下，污染不会影响下游肇庆市水质，建议在污染源完全清除干净前继续开展应急监测，并及时处置污染物	（展示对话实况，分屏显示汇报人员和指挥官特写）
65	3 s	应急处置	梧州市应急专家研判	梧州市现场指挥官指示	现场指挥官	收到，请持续进行预警预测	（展示对话实况，分屏显示汇报人员和指挥官特写）
66	1 s	应急处置	梧州市应急专家研判	梧州市专家咨询组答复	专家咨询组	是	（展示对话实况，分屏显示汇报人员和指挥官特写）

续表

序号	时长	演练阶段	主要内容	动作/情景	角色	台词	大屏显示内容
67	1 min	应急处置	梧州市现场处置	梧州市污染处置组现场处置	解说员	现场污染处置组联合第三方社会化救援机构，根据专家组建议和指挥部指令，优化调整了污染清除方案，派遣三支处置分队对倾倒废物、事发小溪油污、西江河段油污开展现场处置	（实况播放现场展示，加字幕解释在干什么） 1. 展示一分队派遣船只在云龙桥底西江河段（模拟场所）水域布设多道围油栏，联合第三方社会化救援机构将油污集结到较小的范围内，组织拖船将油污打捞装入岸边的罐车，并通过抛撒吸油毡方式对漂浮的零星油污带进行吸附。同时组织人力在水上及沿岸应急救援区域实施警戒和交通管制。 2. 展示二分队联合第三方社会化救援机构在事发第三方社会布设两道围油栏并抛撒吸油毡对油污进行吸附，同时在第一道围油栏处依托小溪筑坝进行药剂投加。 3. 展示三分队现场清理倾倒的废物

续表

序号	时长	演练阶段	主要内容	动作/情景	角色	台词	大屏显示内容
68	35 s	现场处置	肇庆市人民政府统一组织，开展现场处置	—	解说员	现在展示的是肇庆市的应急工作。由肇庆市人民政府协调肇庆市生态环境局、肇庆市海事局、肇庆市水利局等部门，组成专家研判组、应急监测组、现场处置组、污染溯源排查组、舆情信息组、后勤保障组等应急监测指挥制度，开展应急监测及处置工作，并赶赴现场开展现场处置及处置指挥制度	（同步显示预拍画面）肇庆市生态环境局（设备、监测车、公务车）出发场景 [现场展示肇庆市现场的现场处置组（海事船）、污染溯源排查组（无人机）、应急监测组（无人船编队、快艇）从码头出发特写]
69	75 s	应急处置	肇庆市环境应急监测	肇庆市环境应急监测	解说员	应急监测组由肇庆市生态环境监测中心牵头组成。结合实时共享的应急监测结果，进一步调配应急监测设备、车辆、船只、组织增援人员迅速到达现场，在专家咨询组的指导下制定应急监测点位方案，布设相应数量的监测点位。利用无人船、快艇对粤桂交界处、拦截油污水面、事发地下游1 km处及3 km处、肇庆云浮交界处开展持续监测，并对西江下游集中式饮用水水源取水口和出水口进行应急监测。应急监测组组长同时根据已有情况持续向现场指挥官报告监测情况	（屏幕同步显示点位图、监测数据）应急监测点位（现场展示肇庆市现场现场的污染处置组利用无人船编队、快艇采样场景特写）

续表

序号	时长	演练阶段	主要内容	动作/情景	角色	台词	大屏显示内容
70	19 s	应急处置	肇庆市环境应急监测	肇庆市应急监测组汇报	肇庆市应急监测组组长	报告现场指挥官，这里是应急监测组，粤桂交界、围油栏处未超标，下游1 km及3 km物浓度未超标，下游1 km及3 km处，肇庆云交界处，西江下游饮用水水源取水口未发现受污染情况	（展示对话实况，分屏显示汇报人员和指挥官特写）
71	4 s	应急处置	肇庆市环境应急监测	肇庆市现场指挥官指示	肇庆现场指挥官	收到，请持续开展应急监测工作	（展示对话实况，分屏显示汇报人员和指挥官特写）
72	17 s	应急处置	梧州市、肇庆市应急指挥部召开视频会议	解说与承接	解说员	得到初期应急监测结果后，为协同粤桂两省应急处置工作，梧州市应急指挥部、肇庆市应急指挥部召开应急视频会议，讨论初期应急监测结果和已采取的措施	字幕：梧州市、肇庆市应急指挥部召开第一次视频会议
73	2 min	应急处置	梧州市、肇庆市应急指挥部视频会议	对话	梧州市应急指挥部 ××	我是梧州市应急指挥部。现在通报应急处置工作情况。应急监测方面，我们对事发地小溪、西江上下游河段进行了应急监测，事发地小溪水质苯系物、锌、铜、石油类、pH等项目超标，事发地大气苯系物超标。西	

续表

序号	时长	演练阶段	主要内容	动作/情景	角色	台词	大屏显示内容
73	2 min	应急处置	梧州市、肇庆市应急指挥部视频会议	对话	梧州市应急指挥部×××	江河段石油类项目超标,其他污染物未见异常。此外,倾倒废物属性鉴别工作正在开展中。根据水文部门提供的信息,目前广西境内西江流域的流速约为4.5 m/s,水位约2.68 m,流量约2 000 m³/s,污染物扩散速度与流速相当。 应急处置方面,现场在事发小溪布已清理干净。我市在事发小溪布设3道围油栏并抛撒吸油毡对油污进行吸附,同时在第一道围油栏处依托小溪筑坝进行药剂投加。在西江河段水域布设多道围油栏,将油污集结到较小的范围内,组织拖船将油污打捞装入岸边的罐车,并通过抛撒吸油毡、吸油棉等方式对江面漂浮的零星油污带进行吸附。 违法责任追究方面,市生态环境、公安、交通等部门正联合追查废物来源、固定违法犯罪证据,查找嫌疑车辆和嫌疑人下落。肇庆市方面情况如何	(现场视频对话)梧州市应急指挥部×××特写

续表

序号	时长	演练阶段	主要内容	动作/情景	角色	台词	大屏显示内容
74	100 s	应急处置	梧州市、肇庆市应急指挥部视频会议	对话	肇庆市应急指挥部××	肇庆市在粤桂交界下游附近提前布设围油栏拦截油污，在粤桂交界、拦截油污水面、下游1 km及3 km交界处、肇云交界处、下游饮用水水源取水口设置6个应急监测断面，加密监测了苯系物、锌、铜、石油类、pH等项目。我们对历次应急监测结果进行了分析，西江河段粤桂交界断面、围油栏外下游1 km及3 km处、肇云交界处、下游饮用水水源取水口的石油、苯系物、苯系物、锌、铜、石油类、pH等特征污染物浓度均未超标；截止到目前，肇庆市西江水域未受污染。下一步我市将持续开展应急监测，确保下游饮用水水源不受影响。请梧州市应急指挥部及时将最新监测情况通报我市。如有需要，我市可派出应急力量支援梧州市应急处置工作	（现场视频对话）肇庆市应急指挥部××特写

续表

序号	时长	演练阶段	主要内容	动作/情景	角色	台词	大屏显示内容
75	10 s	应急处置	梧州市、肇庆市应急指挥部视频会议	对话	梧州市应急指挥部×××	收到。感谢贵市的支持。有最新监测情况，我市将及时通报贵市	（现场视频对话）梧州市应急指挥部××特写
76	6 s	应急处置	梧州市、肇庆市应急指挥部视频会议	对话	肇庆市应急指挥部×××	谢谢。我市也会将最新监测数据及时通报贵市	（现场视频对话）肇庆市应急指挥部××特写
77	1 min	应急处置	应急处置	处置油污	解说员	肇庆市污染源排查组由肇庆市生态环境局牵头，会同肇庆市海事局组成。操控无人机前线监察人员结合现场反馈的油污扩散情况，通过梧州市应急指挥部通报的监测点位及其数据，持续观察油污扩散情况	（现场实况）无人机持续观察油污扩散
78	20 s	应急处置	应急处置	肇庆市污染源排查组汇报	肇庆市污染源排查组组长	报告现场指挥官，我是污染源排查组，我市未发现梧州市污染物向我市扩散情况	（现场对白）肇庆市污染源排查组组长特写
79	6 s	应急处置	应急处置	肇庆市现场指挥官指示	肇庆市现场指挥官	收到，请持续监控油污扩散情况	（现场对白）肇庆市现场指挥官特写

续表

序号	时长	演练阶段	主要内容	动作/情景	角色	台词	大屏显示内容
80	40 s	应急处置	信息发布与维稳	解说与承接	解说员	针对网上关于饮用水水源地受污染导致用水中断相关言论，根据应用水水源取水口，出水口的应急监测结果与应急处置情况，舆情信息组利用新闻宣传报道、电信和互联网加强新闻宣传报道，正确引导舆论，回应社会关切，及时澄清不实信息，制造社会恐慌谣言、传播谣言、社会稳定组严厉打击散布的行为	屏幕同步显示梧州市、肇庆市微信公众号、微博、官网等情况通报截图
81	30 s	应急处置	召开梧州市、肇庆市新闻发布会	解说与承接	解说员	梧州市应急指挥部、肇庆市应急指挥部各自在应急响应初期、中期召开本市新闻发布会共2次，向社会公开事件有关信息	屏幕同步显示预拍画面：初期、中期2次新闻发布会。（粤桂左右分屏）
82	3 s	—	—	—	—	—	字幕：五、应急终止
83	19 s	应急终止	广西壮族自治区应急处置情况	解说与承接	解说员	经过科学、有效的应急处置，事件发生24 h后，粤桂合作特别试验区危废非法倾倒事件已进入处置后期。梧州市现场指挥官调度梧州市各应急工作组汇报的最新情况	字幕："事件发生24小时后……"

续表

序号	时长	演练阶段	主要内容	动作/情景	角色	台词	大屏显示内容
……	……	……	……	……	……	……	……
89	13 s	应急终止	梧州市处置情况	解说与承接	解说员	目前应急监测结果已全面稳定达标，梧州市应急监测组向梧州市现场指挥官汇报，建议终止应急响应	字幕：监测结果稳定达标，梧州市应急监测组建议终止应急响应
……	……	……	……	……	……	……	……
96	25 s	应急终止	广东省应急处置情况	解说与承接	解说员	与此同时，肇庆市应急工作也在有序进行，各应急监测点位按要求开展了了应急监测。肇庆市现场指挥官调度肇庆市现场处置组、应急监测组和污染源排查组汇报的应急处置进展情况	字幕：肇庆市现场指挥官调度肇庆市应急处置进展情况
97	11 s	应急终止	肇庆市汇报	肇庆市汇报	肇庆现场执行总指挥	报告总指挥，肇庆市监测断面监测结果显示，目前西江水质中污染物浓度已恢复正常。报告完毕	（现场对白）肇庆市现场执行总指挥特写。屏幕下方小字：在观摩领导；桌面已放有肇庆市监测报告
98	3 s	应急终止	咨询专家	肇庆市总指挥征求专家研判组意见	肇庆市总指挥	请专家研判组提供意见	（现场对白）肇庆市总指挥特写

续表

序号	时长	演练阶段	主要内容	动作/情景	角色	台词	大屏显示内容
99	12 s	应急终止	专家建议终止应急	专家研判组提出建议	专家研判组组长	根据梧州市通报的应急监测数据、梧州市西江污染物及其潜在环境风险已清除，根据我市应急监测数据分析，肇庆市未受到污染，建议终止应急响应	（现场对白）专家研判组组长特写
……	……	……	……	……	……	……	……
103	31 s	应急终止	两省（区）同意终止应急	解说与承接	解说员	根据现场工作组和梧州市、肇庆市两地生态环境局的监测报告，此次事件污染物已得到有效处置，梧州市至肇庆市西江水质已恢复正常，未对饮用水供水造成影响，符合应急终止条件。梧州市人民政府及肇庆市人民政府同意发布应急响应终止命令，并通报所在省（区）生态环境部门	字幕：梧州市人民政府同意终止应急响应
104	25 s	应急终止	宣布终止应急	对话	梧州市总指挥	梧州市人民政府已批准发布突发环境事件应急响应终止命令，请市生态环境局继续开展西江沿线饮用水水源地水质的跟踪监测和善后处置，后续要研究打击防范非法倾倒危险废物违法犯罪行为，防止此类事件再发生	（现场对白）梧州市总指挥，现场指挥官特写（左右分屏）

续表

序号	时长	演练阶段	主要内容	动作/情景	角色	台词	大屏显示内容
……	……	……	……	……	……	……	……
108	3 s	善后处置	……	……	……	……	字幕：六、善后处置
109	6 s	善后处置	梧州市终止应急	解说与承接	解说员	梧州市现场指挥官向梧州市各应急工作组宣布终止应急命令	字幕：梧州市现场指挥官宣布终止应急命令
……	……	……	……	……	……	……	……
115	20 s	善后处置	粤桂新闻发布	梧州市、肇庆市召开新闻发布会	解说员	梧州市、肇庆市分别召开新闻发布会，向社会发布本次突发环境事件应急终止和应对工作信息	屏幕同步显示预拍画面：梧州市、肇庆市分别召开新闻发布会（左右分屏）
……	……	……	……	……	……	……	……
127	3 min	演练总结与点评	广西壮族自治区生态环境厅领导讲话	广西壮族自治区生态环境厅领导讲话	×× 副厅长	（×× 副厅长讲话稿由广西壮族自治区生态环境厅准备）	×× 副厅长特写（实况）列队场景（实况）
128	15 s	演练总结与点评	结束演练	宣布本次演练结束	×× 副市长	感谢各位领导和专家点评指导。我宣布：2020 年粤桂两省（区）西江流域突发环境事件联合应急演练到此结束，请各部门有序退场	×× 副市长特写（实况）字幕：演练结束

第 **9** 章

典型突发环境事件应急响应案例分析

针对近年来较为典型的突发环境事件，结合相关部门的调查报告，整理归纳了突发环境事件应急响应实例，对相关事故的处理处置及其经验教训进行介绍，以期发挥典型案例经验借鉴和警示教育作用。

9.1 案例 1 贵州遵义桐梓中石化西南成品油管道柴油泄漏事故

2020 年 7 月 14 日 6 时许，贵州省遵义市桐梓县境内中石化华南分公司的西南成品油管道因山体滑坡发生柴油泄漏事件，造成跨贵州、重庆两省（市）影响的重大突发环境事件。事件发生后，生态环境部迅速派出工作组指导贵州省、重庆市两地开展应急处置工作。经过共同努力，实现了"保障饮用水安全，不让超标污水进入长江"的应急目标，重庆市境内监测断面水质于 2020 年 7 月 18 日 6 时起全面达标，贵州省境内监测断面水质于 2020 年 7 月 19 日 6 时起全面达标。事件造成事故点下游捷阵溪、松坎河及綦江共计 119 km 河道石油类超标，綦江区三江水厂因饮用水水源地水质超标中断取水 19 h，事故点周边 4.5 亩农田被污染，受污染土壤约 461.9 t。

9.1.1 案例背景

2020 年 7 月 14 日，受到集中强降雨天气、不利的地形地貌条件、不利的岩土结构等自然因素影响，新站镇捷阵村岩上组发生山体滑坡，致使埋置在土地内的中石化输油管道 ZY109+410 段受到挤压，发生位移变形和局部损伤，从而导致了柴油泄漏事件的发生。

事发地点位于贵阳市至重庆市段成品油管道桐梓县新站镇捷阵村段（管道桩号 ZY109+410），管线总长度为 362 km，设计输送量为 580 万 t/a，设计压力为 9.5 MPa，管径为 406 mm，壁厚为 8.7 mm。管道全线采取密闭顺序输送工艺，顺序输送 92# 汽油和 0# 柴油，事发时正在输送 0# 柴油，事发地管道铺设及泄漏点如图 9-1 所示。

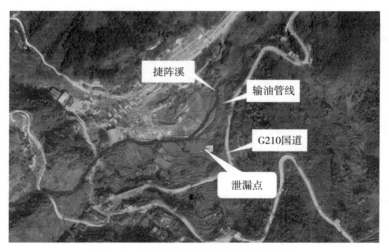

图 9-1　事发地管道铺设及泄漏点示意

事件经过：7 月 14 日 6 时 6 分许，中石化华南分公司值守人员发现管道发生柴油泄漏。当日 14 时许，松坎河贵州重庆两省（市）交界断面开始超标；当日 16 时 45 分，污染团前锋到达松藻煤矿取水点；15 日 18 时 35 分，到达綦江区三江四钢取水点；16 日 9 时 10 分，污染团前锋到达綦江区出境断面，16 时 20 分左右到达江津区广兴饮用水水源地，事发流域水系如图 9-2 所示。

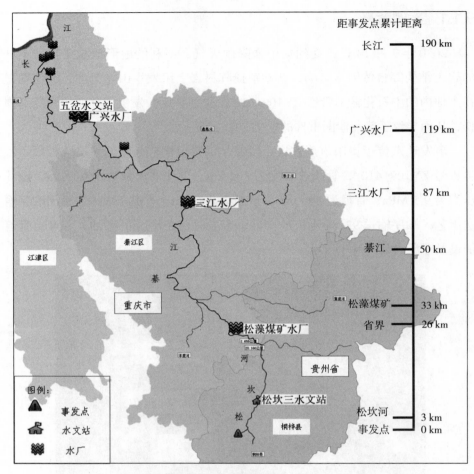

图 9-2　事发流域水系示意

9.1.2　应急处置

9.1.2.1　分级启动应急响应，开展现场应急处置

　　事件发生后，贵州省省长、分管副省长，重庆市委书记、市长、副市长均作出批示指示，2020 年 7 月 14 日即派出工作组现场指导。生态环境部于 7 月 15 日获知事件信息后，立即派出工作组赶赴现场，指导地方做好源头阻断、拦截吸附、水厂改造、沿程稀释等工作，提出了"保障饮用水安全，不

让超标污水进入长江"的应急目标。中石化华南分公司及时采取停输、关阀、泄压等措施；遵义市人民政府和桐梓县人民政府分级启动应急响应，紧急集合抢险力量，开展现场应急处置；重庆市綦江区人民政府于 7 月 14 日 8 时许得到相关事件信息后，立即安排应急监测、水厂错时取水、污染处置和发布信息通告等措施，并及时将信息向下游的江津区通报；江津区人民政府安排 24 h 轮流值班，观察水源状况并开展水质监测。重庆市的快速响应确保了在相关水源水质受影响的情况下，没有影响居民供水安全，保障了舆情和社会的稳定。

9.1.2.2　切断源头，泄压封堵

7 月 14 日发现泄漏后，中石化华南分公司紧急停止输油，迅速关闭泄漏点上游的板桥镇阀室、夜郎阀室、东山阀室，并对泄漏点下游的尧龙山站通过大流量泄放进行泄压。当日 6 时 34 分起，现场投入 280 余人和挖机 8 台、油罐车 21 辆次、抽油设备 14 台、围油栏 1 680 m、吸油毡 210 包等应急物资开展应急处置工作，在 7 月 15 日 10 时完成封堵。

9.1.2.3　拦截吸附，污染控制

河道污染控制。本次事件处置共布设 31 道围油栏，其中贵州省境内 15 道，重庆市境内 16 道；贵州省还在境内构筑拦油坝 12 道、活性炭坝 12 道、隔油池 1 座；共削减污染物约 3.67 t，通过收油机等回收柴油 14.01 t。

土壤污染控制。本次事件处置中，在泄漏点上游附近设置排水沟 5 处，在泄漏点下游设置用于收集泄漏柴油以及含油雨水的集油坑 1 个，用于将雨水、地表径流污染物拦截并引出，在泄漏区域共覆盖防雨布约 2 882 m²。应急处置结束后，清挖被污染土壤 461.9 t。

9.1.2.4　水厂改造，保障饮用水安全

重庆市对受影响自来水厂实施应急改造，綦江区三江水厂及时缩减了供水区域：7 月 15 日至 17 日，将原供水区域的桥河、沱湾片区改由文龙水厂供水。7 月 16 日 14 时，三江水厂通过工艺改造，达到供水要求，居民用水需求得到满足。

9.1.2.5 信息公开

贵州省于 2020 年 7 月 16 日通过"娄山资讯"平台将事故信息及初步处置情况向公众发布。重庆市綦江区应急局分别于 7 月 16 日、18 日分 3 次通过公共信息预警平台发布事件信息；重庆市渝綦水务技术开发有限公司于 7 月 15 日在"大美綦江"应用程序上发布了《因綦江河水源污染造成城区部分区域水压不足的通告》。

9.1.3 经验启示

本次事件发生的直接原因虽是山体滑坡导致输油管道受到挤压，发生位移变形和局部损伤致使柴油泄漏，但在应急处置过程中暴露出许多问题。企业存在初期研判失误、准备不足、先期处置不当等问题，而地方政府有关部门存在履职不及时、应急指挥部架构不合理、政企联动不充分、上下游联动不够完善、应急监测能力严重不足等问题。对此类事故，政府部门和企业需要汲取事故教训，加强应急处置能力和相关管道企业的环境风险管理，防止此类事故再次发生。

进一步提升各级政府领导干部的环境应急管理能力，完善突发环境事件应急机制。本事件中，存在地方政府有关部门履责不及时、应急指挥部架构不合理等问题，主要由于综合性突发事件应急机制不够完善，例如本次事件是由于自然灾害造成的生产安全泄漏事故，进而演化成突发环境事件，在此情景下更加考验政府领导干部对相关预案的了解程度和应急决策管理能力。

建议在专题培训、会议研讨、综合培训中增加环境应急管理相关内容，加强对地方政府尤其是市县一级政府领导的环境应急管理培训，进一步强化地方政府及各部门、企业的应急指挥调度水平和应急处置人员的生态环境保护意识，提升突发环境事件研判、指挥调度、应对能力。同时加强政府突发环境事件专项应急预案与突发事件总体应急预案、自然灾害应急预案、生产安全事故应急预案等的有效衔接，明确应急指挥体系、应急响应程序和各部门职责，适时组织开展应急演练，完善跨区域、跨部门联动机制。

提升相关管道企业风险防控水平和应急处置能力。管道企业要高度重视环境风险管理工作，在环境风险评估基础上编制环境应急预案，做好与政府预案的衔接；完善管道环境风险管理制度，从避免环境污染的角度细化风险防控措施，定期开展环境风险隐患自查并及时整改。企业要结合管道周边环境情况，按照预案要求储备必要的应急物资、装备并加强人员培训力度，加强与地方政府及相关部门的信息沟通，建立群防群策、群防群治工作机制，定期组织开展环境应急演练和培训，不断提升企业综合应急响应能力。

加强地方环境应急能力建设。提升基层环境应急监测能力。要加强应急监测设备、人员等资源信息的整合、分析，加大基层监测人员技能培训。建立健全社会化监测力量，包括有监测能力企业参与突发环境事件应急监测的制度机制。同时结合辖区内环境风险特征，分级、分类储备污染源切断、控制、收集、降解、安全防护、应急通信和指挥以及应急监测等物资装备，动态规范管理环境应急物资信息，加强相关知识和技能培训力度，提升环境应急专业水平。

加快推进上下游联防联控机制建设。遵义市桐梓县于 2020 年 7 月 14 日多次向重庆市綦江区生态环境局通报事件信息，为重庆市做好应急准备提供了有力支撑。但在信息通报中，未对应急监测数据、柴油泄漏量和处置措施等情况进行及时通报。跨省（市）流域上下游联动不够完善，影响了綦江区指挥部对污染态势的研判和相关决策。因此，各地要按照《关于建立跨省流域上下游突发水污染事件联防联控机制的指导意见》要求，加快推进签订跨省流域上下游突发水污染事件联防联控协作框架协议。上游地区要重点掌握水利闸坝、环境风险源等信息，下游地区要重点掌握河流流量、流速等水文信息，以及重点湖库、饮用水水源地等环境敏感目标信息。针对环境风险隐患大、敏感目标多、流量大、流速快等的重点河流，可联合制定"一河一策"联防联控方案。上下游地区要大力开展联合应急演练，及时检验联防联控机制和相关应急预案的实效性，切实提升上下游在快速响应、应急监测、应急处置等方面的协调配合能力。

建立多部门参与的饮用水水源安全保障机制。饮用水水源安全保障涉及水利、农业农村、卫生健康、城市管理、生态环境等相关部门。此次事件应对过程中暴露出水厂在水质监测、深度处理能力方面存在不足。建议加强水源地综合毒性生物预警监测能力建设，从预警、监测、应急应对、备用水源建设等方面，建设多部门参与的饮用水水源安全保障机制。

9.2 案例 2 甘肃省平凉市泾川县 "4·9" 交通事故致柴油罐车泄漏次生重大突发环境事件

2018 年 4 月 9 日 15 时 40 分，甘肃省平凉市泾川县发生柴油罐车道路交通事故，致柴油泄漏进入汭河后汇入泾河，造成跨甘肃、陕西两省突发环境事件。事件发生后，生态环境部高度重视，迅速派出应急办、西北督察局组成工作组赶赴现场，协调、指导两省地方政府和生态环境部门做好应急应对工作。通过甘肃、陕西两省共同努力，4 月 13 日 18 时始，受污染河段石油类浓度持续稳定达标，事件得到了妥善处置，甘肃、陕西两省先后终止应急响应。

9.2.1 基本情况

2018 年 4 月 9 日 15 时 40 分，陕西省勉县致远运输公司一辆重型油罐车途经甘肃省泾川县境内省道 304 线 1 km+500 m 处，与相对方向行驶的一辆翻斗车相撞肇事，造成油罐车悬空于汭河河堤，罐体形成 5 处裂口且高度倾斜。事故罐车共载有柴油 31 t，罐体内残存 7 t，罐体内其余柴油均泄漏至汭河。当日 19 时，王母宫断面（事发点下游 1 km）石油类浓度超标 49.2 倍。4 月 10 日 23 时，泾河平凉和庆阳两市交界长庆桥断面（事故点下游 42 km）石油类浓度超标 71.4 倍。4 月 11 日 2 时，甘陕交界长宁桥断面（事故点下游 72 km）石油类浓度首次超标 10.4 倍，当日 12 时最高超标 120.6 倍。

9.2.2 应对处置

事件发生后，甘肃省、陕西省两地相继启动了省、市、县三级政府突发环境事件应急响应，成立应急指挥部，统筹开展应对工作。

（1）切断源头

事故发生后，甘肃省泾川县第一时间对柴油罐车进行了安全移置，防止罐体内残存柴油继续泄漏；沿事故点汭河河床修筑约1m高的围堰，减少流入汭河的柴油；调用吸污车收集河面上相对集中的油污，铺设吸油毡吸附河面上的分散油污；河面油污基本清除后，将受污染的河床土壤清运处置，并通过多次回填清洁土蘸和回填后再清运的方式切断污染源。截至4月9日17时，柴油罐车被救援并运离现场。

（2）拦截吸附

甘肃省平凉、庆阳两市先后设置吸油毡、拦油坝（索）72道，其中水泥管活性炭拦截坝3道，利用天然河床构筑临时纳污坑塘2个，对河面浮油进行人工收集和喷淋降解。通过多种措施进行降污，延缓了污水出省界约17 h，为下游应急处置争取了时间。陕西省咸阳市先后在长武县、彬县、永寿县三县境内设置活性炭拦截坝5道，将污染团控制且消除在咸阳市境内。

（3）应急监测

事件发生后，甘肃省平凉市、庆阳市环境监测站均第一时间赶赴现场，制定应急监测方案，开展应急监测，先后6次优化调整监测方案。两市在应急前线建立现场临时实验室各1座，提高了监测分析效率。陕西省环境监测中心站第一时间派员赶赴现场，指导咸阳市先后6次优化调整监测方案，统筹全市环境监测力量开展工作。应急监测期间，甘陕两省共采集样品928个，出具监测快报235期，为应急处置科学决策提供了支撑。

（4）信息公开

事件发生后，甘肃省、陕西省相关市县政府统筹组织，通过多种途径及时发布事件应急处置进展情况，密切关注舆情动态并及时回应社会关注。4月11日，在预判可能会造成甘、陕跨省界污染的情况下，平凉市及泾川县政府连夜召开新闻发布会，向社会和公众发布事件相关信息和应急工作开展情况。平凉市、庆阳市分别通过市政府门户网站、广播电视台、手机客户端等官方媒体平台对事件处置相关情况进行报道。4月12日，咸阳市通过政府网站、广播电视台对事件处置情况进行通报和报道。通过甘陕两省三市及时公开信息，处置过程中未出现炒作、恶意宣传报道等情况，社会秩序良好。

9.2.3 经验启示

此次突发环境事件因交通事故致柴油泄漏直接引发，造成了跨甘肃、陕西两省界污染，根据《国家突发环境事件应急预案》的规定，该事件级别为重大突发环境事件。经调查认定，事件的直接原因是交通事故致柴油泄漏至汭河后汇入泾河，间接原因是有关地方政府和部门在事件初期对污染严重性预判不足，应对能力薄弱、措施不够科学有效，造成跨省界污染。对此类事故，各级生态环境部门需吸取事故教训，加强环境应急管理，提高应急响应能力，防止此类事故的再次发生。

强化预案管理统筹，提升突发环境事件应对能力。在本次事件中，泾川县政府在事件初期对污染严重性预判不足，未及时查明污染情况，对可能造成跨省界突发环境事件的污染形势预判不足，未提请上级政府启动高级别应急响应；同时当地启动较大（Ⅲ级）突发环境事件应急响应后，成立了应急指挥部和处置工作组，但指挥部、工作组及预案三者之间衔接不够。指挥部未按照预案明确各成员职责，部分指挥部成员不在工作组中，统筹指挥协调作用受到一定影响。另外，在事件处置初期仅使用吸油毡、拦油索、秸秆等开展处置工作，拦截吸附措施不够科学有效，对泄漏至汭河河面上的柴油清理亦不彻底，导致污染源头未能及时彻底切断。建议地方各级政府及生态环境部门要及时修订、完善政府预案，明确区域主要环境风险和敏感点，详细规定各部门职责、应急响应程序和处置措施，特别是结合道路危化品运输环境风险突出的实际情况，有针对性地制定涉危跨界专项预案。同时要以强化预案规范化管理为抓手，针对区域特征环境风险源，建立完善应急处置物资储备实体库和信息库、环境应急专家库，为及时妥善处置突发环境事件提供保障。

强化环境应急监测能力建设。此次事件涉及的平凉市泾川县，庆阳市宁县，咸阳市长武县、彬县、永寿县中仅有彬县具备石油类指标的应急监测能力，其他四县环境应急监测工作均由相关市级生态环境部门支持开展。同时，事件暴露出相关监测部门应急监测设备缺乏且老旧严重、现场监测人员经验不足等问题，例如在 4 月 9 日 19 时至 4 月 10 日 20 时监测期间共 12 批，但在石油类监测指标已超标的事故点下游 2 km 处至长庆桥断面之间约 40 km 河道中未设置监测点，且监测频次偏低，无法为污染趋势的判断以及拦截吸附设施的设置提供技术支持。因此，相关市县两级政府要按照《全国环境监测站建设标准》等相关要求，在全面评估当地主要环境风险源的基础上，有针对性地提高环境应急监测能力。同时各市要结合环保垂管工作实际，根据各县（区）环境监测标准要求的高低，探索建立分级环境监测模式，实现全市环境应急资源共享，补齐部分县级环境应急监测能力短板。

建立完善跨区域联动机制。本次事件中的泾河是甘肃省宁县与陕西省长武县的界河，也是黄河第一大支流渭河的最大支流，一旦受到污染将对下游渭河、黄河沿线饮用水水源地构成威胁，本次事件的发生也暴露出相关部门在跨区域联防联控应急作战中的问题。虽然属地原则是应急管理的重要原则，但在跨流域、跨区域的突发环境事件中，均需各地政府部门充分发挥主观能动性，不等不靠、勇于负责、信息及时通报、相互救援支持，方能保障各项处置措施的有效衔接。因此，各级生态环境部门要切实加强应急联动，建立跨区域突发环境事件应急预案，构建跨省市、多部门、上下游协同作战的环境应急联动机制，采取切实可行的应急方案设计，促进信息、资源高效共享，提高突发环境事件防范和应急处置能力。

9.3　案例 3　彭州旺驰物流有限公司"3·14"柴油罐泄漏次生较大突发环境事件

2020 年 3 月 14 日，成都彭州市旺驰物流有限公司（以下简称"旺驰物流"）柴油罐发生泄漏，引起次生突发环境事件。根据《突发环境事件调查处理办法》（环境保护部令　第 32 号）的有关规定，四川省生态环境厅启动了突发环境事件调查程序，按照"科学严谨、依法依规、实事求是、注重实效"的工作原则，通过现场勘察、资料核查、人员询问及专家论证等方式展开调查，经认定：此次事件是疫情防控复工复产期间，一起企业违规操作导致柴油泄漏引发的较大突发环境事件。

9.3.1　基本情况

2020 年 3 月 14 日 14 时左右，旺驰物流卸载柴油时，柴油从油罐与加油机连接管路弯头处泄漏。当日 15 时 30 分左右，操作工人发现漏油并关闭油罐底部阀门，柴油停止泄漏。泄漏的柴油经 150 m 的农灌渠、230 m 的排洪渠、1 000 m 的鸭子河后进入人民渠。3 月 14 日 20 时左右，污染团到达什邡市三水厂取水口。3 月 14 日 23 时左右，污染团到达德阳市孝感水厂取水口。

9.3.2　应对处置

（1）迅即响应

事件发生后，生态环境部和四川省委、省政府立即安排部署，要求做好事件应对处置工作，确保群众饮水安全。四川省生态环境厅赓即派工作组赴现场指导处置，成都市委、市政府和德阳市委、市政府迅即响应，通过切断污染源头、拦污清污、加密监测、饮水应急保障、信息公开等措施，事件得到了稳妥处置，保障了德阳市及人民渠下游地区人民群众生活用水安全，维护了社会稳定。

（2）排查断源

成都市出动 62 人次连夜开展污染源排查工作，查明污染点并阻断污染源，安全转移储油罐内余油，清理处置泄漏油料污染的土壤和吸油毡。当地公安部门于 3 月 15 日对涉嫌违法企业责任人采取了强制措施。

（3）应急处置

事件发生后，德阳市出动 247 人次在人民渠什邡市三水厂、德阳市孝感水厂取水点及下游沿线布设围油栏、吸油毡等拦截设施，吸附、回收并妥善处理浮油。启动应急加密监测，出具了监测快报 20 余期。

（4）饮水应急保障

德阳市在水源地疑似受污染期间，及时启动应急备用水源和存水供应，并实施城市低压供水，保障了城区供水不中断。

（5）信息公开

2020 年 3 月 15 日 17 时，德阳市召开新闻发布会，通报水质污染、应急处置和自来水厂恢复生产等相关情况，省市各大媒体跟踪报道，正确引导社会舆论，未出现相关负面影响。

9.3.3　经验启示

此次事件共泄漏柴油约 5.67 t，入河 1.74 t，渗入土壤、吸附处置等 3.93 t，导致鸭子河（成都段、德阳段）、人民渠水质异常，影响什邡市、德阳市部分城区饮用水正常供应。经评估，此次事件共造成直接经济损失 329 254.15 元。经调查，此次事件发生的直接原因是旺驰物流在驰力贸易厂区向柴油罐卸载 15 t 柴油的生产作业过程中，未认真检查核实油罐和连接管路的完好性，未能及时发现连接管路弯头发生脱落，导致柴油自管路弯头脱落处泄漏，经农灌渠、鸭子河后最终进入人民渠。本次事件暴露出事发企业主体责任落实不到位、水厂应急处理突发应急事件能力不强、突发环境事件应急预案不完善、应急响应不足等问题，具体可从以下几个方面加以完善。

一是完善制度，落实突发环境事件处置责任。健全突发环境事件应急处置工作责任制，进一步明确突发环境事件应急处置程序，理顺关系，搞好条块之间的衔接和配合。指导相关企业落实环境风险防控和应对处置突发环境事件主体责任，提升应急处置能力，落实应急措施。

二是从严整改，着力防控环境风险。加快水源地突发环境事件应急预案和污染事故应急方案编制进度，严格规范水厂应急措施。推进备用水源建设和保护区划定，提升城市应急供水保障能力。严格落实"河长制"、网格化、联防联控等管理要求，建立健全上下游、部门之间的信息共享机制，定期开展隐患排查治理。

三是强化能力，有效提升应急处置水平。组建环境应急处置队伍，储备必要的应急装备、物资器材，充分发挥专家技术支撑作用，加强对应急管理、应急监测人员能力的专业培训，提高能力素质和业务水平。常态开展环境应急演练，全面提高突发环境事件应急处置能力。

9.4 案例4 甘肃省陇星锑业有限责任公司"11·23"尾矿库泄漏事故

2015 年 11 月 23 日 21 时 20 分左右，位于甘肃省陇南市西和县的陇星锑业尾矿库发生泄漏，造成跨甘肃、陕西、四川三省的突发环境事件，对沿线部分群众生产、生活用水造成了一定影响，并直接威胁到四川省广元市西湾水厂供水安全。事件发生后，党中央、国务院高度重视，环境保护部迅速派出工作组和专家组赶赴现场协调指导，甘肃、陕西、四川三省相继启动应急预案，组织开展应对工作。经过各地共同努力，2015 年 12 月 26 日，陕川交界处持续稳定达标；2016 年 1 月 28 日，甘陕交界处持续稳定达标。事件造成甘肃省西和县境内太石河至四川省广元市境内嘉陵江与白龙江（嘉陵江支流）交汇处共计约 346 km 河道及甘肃省西和县境内部分区域地下水井锑浓度超标；甘肃、陕西、四川三省部分区域乡镇集中式饮用水水源、地下井水因超标或可能影响饮水安全而停用，受影响人数约 10.8 万人，甘肃省西和县太石河沿岸约 257 亩农田受到一定程度污染，农田土壤污染物浓度超标率为 20%。

9.4.1 案例背景

陇星锑业选矿厂尾矿库位于陇南市西和县太石河乡山青村，紧邻嘉陵江二级支流太石河。尾矿库设计坝高为 59.4 m，设计总库容为 168 万 m^3，事发时尾矿库坝高约为 53 m，堆存尾砂量约为 140 万 m^3。尾矿库设计有 1# 排水井和 2# 排水井，其中 1# 排水井已于 2010 年封井。2015 年 11 月 23 日，陇星锑业选矿厂尾矿库 2# 排水井拱板破损脱落，导致含锑尾矿及尾矿水经排水涵洞进入太石河，造成突发环境事件的发生。

事件经过：2015 年 11 月 23 日 21 时 20 分左右，陇星锑业发现尾矿库排水涵洞发生尾砂外泄。11 月 26 日 2 时，距离事发地 117 km 的西汉水甘陕交界处锑浓度出现超标。12 月 4 日 18 时，距离事发地 262 km 的嘉陵江陕川交界处锑浓度出现超标。12 月 7 日 2 时，距离事发地 318 km 的广元市西湾水厂取水口上游 2 km 的千佛崖断面锑浓度出现超标，事发流域水系如图 9-3 所示。

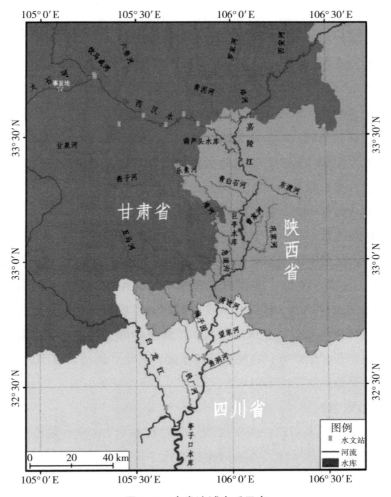

图 9-3　事发流域水系示意

9.4.2　应急处置

　　此次事件造成三省跨界污染，涉及地区多、受污染流域广，沿线可用于拦截处置的水利工程设施较少，加上太石河下游四川省广元市区供水群众人数较多，环境应急处置面临巨大挑战。事件发生后，甘肃省有关部门先期开展了污染源头封堵等前期处置工作。2015 年 11 月 27 日，环境保护部工作组紧急赶赴现场指导，协调三省联合开展应对。三省均先后成立了省级或市级突发环境事件应急指挥部,统筹开展应对工作。

甘肃省通过切断源头、筑坝拦截等手段全力控污降污;陕西省及时加密监测、跟踪污染发展态势,省环保厅、省水利厅、汉中市政府先后启动应急响应,科学水利调蓄,全力控污降污,为太石河下游四川省广元市西湾水厂实施除锑工艺改造争取时间;四川省政府成立应急协调组、省环保厅成立应急工作组、广元市政府成立应急指挥部,通过启用新水源、修建应急输水管道和实施水厂除锑工艺改造等措施保障西湾水厂出水水质达标。经过共同努力,实现了甘肃、陕西两省以全力控污降污为主,四川省以切实保障广元市群众饮水安全为主的既定目标。

(1)切断源头

甘肃省采取多项措施实施源头封堵,切断污染物继续进入太石河的通道。2015年12月1日,完成了破损的 2# 排水井临时封堵,阻断了含锑尾矿泄漏通道;通过铺设管道、开挖防渗沟渠、修建防渗坝体,对事发地上游清水进行引流,实现清水与受污染区域隔离;截流尾矿库上游山泉水,阻止其进入排水涵洞冲刷残存尾矿浆;在尾矿库排水涵洞排水口周边设置围堰和防渗池,拦截处置涵洞渗出的高浓度污水。

(2)筑坝拦截

甘肃省先后在太石河、西汉水构筑临时拦截坝198座。陕西省在西汉水段构筑了临时拦截坝4座,在有效减缓污水下泄、为下游应急处置争取时间的同时,也为在河道通过技术措施实现降污目的创造条件。

(3)水利调蓄

甘肃省先后对位于陇星锑业上游的红河水电站、苗河水电站实施关闸蓄水,减缓污染团下泄速度。陕西省先后利用葫芦头、张家坝和巨亭水电站等设施,拦截污染团并调集上游清水稀释。同时通过混合水大流量下泄,减少高污染团在广元市西湾水厂取水口的停留时间。

(4)技术降污

经专家论证和试验,甘肃、陕西两省在沿线先后共建设了8套临时应急处置设施,采用铁盐混凝沉降法,降低水体中溶解态锑的浓度。

（5）河道清污

为有效减少沉降在河道底泥及附着物中的污染物锑的溶解释放，甘肃省调集大型机械在太石河河床开挖深槽，主动引流河水、腾出作业面，清运河道砂石、污染底泥及沉积物。

（6）饮水保障

三省在境内沿线河流受到污染后，均立即通告群众停止取水，并分别通过实施引山泉水等其他水源、车辆送水、水厂除锑工艺改造等措施保障沿线群众用水安全。

9.4.3　经验启示

本次事件发生的直接原因是陇星锑业选矿厂尾矿库 2# 排水井拱板破损脱落，导致含锑尾矿及尾矿水经排水涵洞进入太石河，而 2# 排水井拱板未按照设计要求进行安装施工导致拱板未形成环形受压状态，因此排水井拱板质量未达到设计要求是拱板破损脱落、形成缺口的主要原因。本起尾矿库泄漏事件暴露了企业、部门、政府应急预案流于形式，事件初期没有及时控制污染源头，应急监测不够科学规范，太石河上下游未有效建立联合监测机制，下游重视不够、应对不及时等问题，相关部门及企业应当深刻吸取此次事件教训，做好尾矿库环境安全管理工作。

开展尾矿库隐患排查专项整治行动，督促企业主体责任落实。甘肃省要针对此次事件暴露出来的尾矿库管理问题，举一反三，全面开展涉尾矿库企业隐患排查专项整治行动，对涉重金属尾矿库、"头顶库"、"三边库"，要重点逐一排查，督促企业严格落实主体责任，切实做好尾矿库风险评估、隐患排查治理、应急预案编制备案、应急培训和演练等工作。对于排查出的问题要逐一整改落实。

严格环境准入和落实部门联动机制，提升尾矿库环境风险防范和应急处置能力。地方各级政府要严控涉尾矿库企业环境准入，严把安全生产预评价和环境影响评价审批关，科学评估并从严控制尾矿库与人口密集区、饮用水水源地等环境敏感点的距离，从源头避免"头顶库""三边库"。同时要建立安监、环保、水利等部门联动机制，强化信息共享、联合执法、联合演练等部门间的联动配合，形成尾矿库监管合力，联合探索规范水体调蓄等应急处置措施，全面提升日常监管水平及事故应对能力。

推动政府、部门、企业突发环境事件应急预案体系规范化、科学化、精细化管理。地方各级政府要及时修订完善政府预案，明确区域主要环境风险和敏感点，详细规定各部门职责、应急响应程序和处置措施。尾矿库比较集中的区域，地方政府要组织编制尾矿库突发环境事件应急专项预案；当地环保部门要科学制定部门预案，明确应急监测、处置措施等重点内容，为政府提供决策支持；企业要在评估环境风险的基础上科学编制预案，明确特征污染物监测、信息报告、初期应急处置措施等重点内容，并向当地环保部门备案。

开展突发环境事件环境影响和损失评估，防止或减轻对生态和健康的损害。地方各级政府要在突发环境事件应急处置工作结束后，立即组织评估事件造成的环境影响和损失，并及时将评估结果向社会公布。同时要做好中长期环境监测评估和污染防治工作，减轻事件对生态和健康带来的损害。甘肃省要针对此次事件，做好对污染较为严重的太石河和西汉水相关流域的长期治理修复工作。

9.5 案例 5 天津港 "8·12" 瑞海公司危险品仓库特别重大火灾爆炸事故

2015 年 8 月 12 日，位于天津市滨海新区天津港的瑞海国际物流有限公司（以下简称"瑞海公司"）危险品仓库发生特别重大火灾爆炸事故。事故发生后，党中央、国务院高度重视。习近平总书记两次作出重要批示，并主持召开中央政治局常委会会议，专题听取事故抢险救援和应急处置情况汇报。李克强总理多次作出重要批示，率有关负责同志赶赴事故现场指导救援处置工作，主持召开国务院常务会议进行研究部署。国务院其他领导同志具体指导天津市开展处置工作和防范发生次生灾害事故（中央政府门户网站，2016b）。经国务院调查认定，天津港 "8·12" 瑞海公司危险品仓库火灾爆炸事故是一起特别重大生产安全责任事故，截至 2015 年 12 月 10 日，事故已造成直接经济损失 68.66 亿元。

9.5.1　案例背景

2015 年 8 月 12 日 22 时 51 分 46 秒，位于天津市滨海新区吉运二道 95 号的瑞海公司危险品仓库运抵区（"待申报装船出口货物运抵区"的简称，属于海关监管场所，用金属栅栏与外界隔离。由经营企业申请设立，海关批准，主要用于出口集装箱货物的运抵和报关监管）最先起火，当日 23 时 34 分 6 秒发生第一次爆炸，23 时 34 分 37 秒发生第二次更剧烈的爆炸。事故现场形成 6 处大火点及数十个小火点；8 月 14 日 16 时 40 分，现场明火被扑灭。

9.5.2　应急处置

（1）生命救援

爆炸事故发生后，公安消防、安监、交通、海事、卫生等国家救援力量立即驰援天津市，充分发挥专业救援力量，把搜救生命作为第一任务，集中一切力量救治伤员并妥善安置事故现场周边群众。

除此前在现场救援的天津市 46 个公安消防中队 1 200 余名救援人员外，公安部消防局于 8 月 13 日晚又调集了河北沧州市、廊坊市、唐山市消防支队的 232 名消防救援人员、16 台消防车、两套远程供泡沫系统赶赴事发地。公安部消防部队前线指挥部成立了 15 个搜救组，全力搜救被困人员及失联消防救援人员。8 月 15 日，公安部消防局从辽宁省、江苏省消防总队调集共 6 辆车、30 名消防员的核生化侦检编队，从河北消防总队调集 3 个支队的 3 个化工编队，从北京总队调集两部核生化多功能侦检车，抵达事故现场配合处置（中央政府门户网站，2015）。

国家卫生计生委调集的医疗救治专家组继续在 4 家医院驻点，加强重症伤员救治工作，对所有危重症患者逐一进行巡视会诊，对调整完善患者伤情感染控制、制定伤员出院标准等提出工作建议。国家和天津市疾控专家于 8 月 16 日完成 5 个安置点的现场评估，组建了有 1 320 名卫生防疫人员的队伍，启动爆炸事故现场周边居民健康监测、群众安置点消毒处置和饮用水监测等工作。

（2）应急监测

事故发生后，天津市环保部门紧急调集多方力量开展了环境应急监测，对事故中心区及周边大气、水、海洋及土壤环境实行 24 h 不间断监测，首先在事故中心区外距爆炸中心 3～5 km 范围内开展大气环境监测，其后在事故中心区外距爆炸中心 0.25～3 km 范围内增设了流动监测点，并对事故中心区外土壤进行了网格化抽样监测。

（3）拦截降污

本次事故主要对爆炸中心周边约 2.3 km 范围内的水体（东侧北段起吉运东路、中段起北港东三路、南段起北港路南段，西至海滨高速；南起京门大道、北港路、新港六号路一线，北至东排明渠北段）造成污染，主要污染物为氰化物。事故现场两个爆坑内的积水严重污染；散落的化学品和爆炸产生的二次污染物随消防用水、洗消水和雨水形成的地表径流汇至地表积水区，大部分污水进入周边地下管网，对相关水体形成污染；爆炸溅落的化学品造成部分明渠河段和毗邻小区内积水坑存水污染。8 月 17 日对爆坑积水的检测结果表明，爆坑积水呈强碱性，氰化物浓度高达 421 mg/L。天津市环保部门对事故中心区及其周边污水第一时间采取"前堵后封、中间处理"的措施，包括在事故中心区周围构筑 1 m 高的围墙，封堵 4 处排海口、3 处地表水沟渠和 12 处雨污排水管道等，把污水集中封闭在事故中心区内。同时按照浓度高低，科学、多途径地开展污水处置工作：一是将部分废水由危废运输车辆进行转运；二是铺设抽水管道，采用潜水泵抽取坑中污水外运，进而安装临时破氰装置去除氰化物，最后根据水量和含盐量情况决定是否将污水汇入其他区域的工业废水处理厂统一处理，进而实现了达标排放。

（4）安全疏港

爆炸事故发生后，交通运输部海事局采取应对措施保障海上防污染和港口正常生产秩序，制定海上应急保障应对措施，为安全疏港奠定基础。

交通运输部门经过巡查，确认爆炸事故对港口作业人员、设施影响较小，无人员伤害，设施经修复后可正常使用，除汇盛码头外的其他码头作业基本恢复正常。与此同时，交通运输部海事局与天津港口集团协商，为保障港口安全，北港池集装箱船在码头不再进行危化集装箱装卸作业。

在保证船舶航行安全的前提下，海事局制定了相关海上应急保障措施：有效管控北港池水域，做好该水域由于爆炸事故处置及天气等原因，可能引起污染物溢漏入海的污染防控工作；密切跟踪关注爆炸事故变化形势，将所有可能的入海排放口设为污染防控警戒区，在天津港北港池口设置污染防控警戒线，方便后续防止海域污染工作的开展。此外，安排 1 艘海巡船每 2 h 对北港池水域巡查一次，协调 8 艘清污能力达到千吨级的专业清污船和 2 艘大马力拖轮现场待命，随时准备处置各种应急情况。

天津港北疆港区北支航道和天津港主航道交汇处的一片区域是事故发生后海事局设置的"污染防控警戒线"所在地。截至 8 月 16 日 22 时，未发现有岸基污水通过管网入海现象，也未发现其他地点有污水入海，海上安全和防污染形势平稳有序。

海关总署对抢险处置保障通关提出要求，天津海关积极协助国务院调查组和抢险指挥部做好抢险救灾工作，采取措施做好应急通关安排。天津海关下辖有关海关的正常业务因爆炸事故受到较大影响，为保证企业紧急通关业务办理，分别设立应急临时办理窗口。

9.5.3　经验启示

本次事故的直接原因是瑞海公司危险品仓库运抵区南侧集装箱内硝化棉由于湿润剂散失出现局部干燥，在高温（天气）等因素的作用下加速分解放热，积热自燃后引起相邻集装箱内的硝化棉和其他危险化学品长时间大面积燃烧，导致堆放于运抵区的硝酸铵等危险化学品发生爆炸。

调查组认定，瑞海公司是造成事故发生的主体责任单位。该公司严重违反天津市城市总体规划和滨海新区控制性详细规划，无视安全生产主体责任，非法建设危险货物堆场，在现代物流和普通仓储区域违法违规，于 2012 年 11 月至 2015 年 6 月多次变更资质经营并且储存危险货物，安全管理极度混乱，致使大量安全隐患长期存在。同时，事故还暴露出有关地方政府和部门存在"有法不依、执法不严、监管不力"等问题，有些部门未认真贯彻落实有关法律法规，未认真履行职责，违法违规进行行政许可和项目审查，日常监管严重缺失。港口管理体制不顺、安全管理不到位；危险化学品安全监管体制不顺、机制不完善，危险化学品安全管理法律法规标准不健全，危险化学品事故应急处置能力不足。另外，有些中介和技术服务机构弄虚作假，违法违规进行安全审查、评价和验收等情况也层出不穷。

针对上述问题，事故调查组提出以下建议：

一是把安全生产工作摆在更加突出的位置。各级党委和政府要牢固树立科学发展、安全发展理念，坚决守住"发展决不能以牺牲人的生命为代价"这条不可逾越的红线，进一步加强、落实领导责任、明确要求，建立健全与现代化大生产和社会主义市场经济体制相适应的安全监管体系，大力推进"党政同责、一岗双责、失职追责"的安全生产责任体系的发展，积极推动安全生产的文化建设、法治建设、制度建设、机制建设、技术建设和力量建设，对安全生产特别是对公共安全存在潜在危害的危险品生产、经营、储存、使用等环节实行严格规范的监管，切实加强源头治理，大力解决突出问题，努力提高我国安全生产工作的整体水平。

二是推动生产经营单位切实落实安全生产主体责任。充分运用市场机制，建立完善生产经营单位强制保险和"黑名单"制度，将企业的违法违规信息与项目核准、用地审批、证券融资及银行贷款挂钩，促进企业提高安全生产的自觉性，建立"安全自查、隐患自除、责任自负"的企业自我管理机制，并通过调整税收、保险费用、信用等级等经济措施，引导经营单位自觉加大安全生产投入，加强安全措施，舍弃落后的生产工艺、设备，培养高素质、高技能的产业工人队伍。严格落实属地政府和行业主管部门的安全监管责任，深化企业安全生产标准化创建活动，推动企业建立完善风险管控、隐患排查机制，实行重大危险源信息向社会公布制度，并自觉接受社会舆论监督。

三是进一步理顺港口安全管理体制。认真落实港口政企分离要求，明确港口行政管理职能机构和编制，进一步强化交通、海关、公安、质检等部门安全监管职责，加强信息共享和部门联动配合；按照深化司法体制改革的要求，将港口公安、消防以及其他相关行政监管职能交由地方政府主管部门承担。在港口设置危险货物仓储物流功能区，根据危险货物的性质分类储存，严格限定危险货物周转总量。进一步明确港区海关运抵区安全监管职责，加强对港区海关运抵区的安全监督，严防失控漏管。其他领域存在的类似问题，尤其是行政区、功能区行业管理职责不明的问题，都应抓紧解决。

四是着力提高危险化学品安全监管法治化水平。针对当前危险化学品生产经营活动快速发展及其对公共安全带来的诸多重大问题，相应部门要将相关立法、修法工作置于优先地位，切实增强相关法律法规的权威性、统一性、系统性、有效性。建议立法机关在已有相关条例的基础上，抓紧制定、修订危险化学品管理、安全生产应急管理、民用爆炸物品安全管理、危险货物安全管理等相关法律及行政法规；以法律的形式明确硝化棉等危险化学品的物流、包装、运输等安全管理要求，建立易燃易爆、剧毒危险化学品专营制度，限定生产规模，严禁个人经营硝酸铵、氰化钠等易爆、剧毒危险化学物。国务院及相关部门抓紧制定配套规章标准，进一步完善国家强制性标准的制定程序和原则，提高标准的科学性、合理性、适用性和统一性。同时，进一步加强法律法规和国家强制性标准执行的监督检查和宣传培训工作，确保法律法规、标准的有效执行。

五是建立健全危险化学品安全监管体制机制。需明确一个部门及系统承担对危险化学品安全工作的综合监管职能，并进一步明确、细化其他相关部门的职责，消除监管盲区。强化现行危险化学品安全生产监管部际联席会议制度，增补海关总署为成员单位，建立更有力的统筹协调机制，推动落实部门监管职责。全面加强涉及危险化学品的危险货物安全管理，强化口岸港政、海事、海关、商检等检验机构的联合监督、统一查验机制，综合保障外贸进出口危险货物的安全、便捷、高效运行。

六是建立全国统一的危险化学品监管信息平台。利用大数据、物联网等信息技术手段，对危险化学品生产、经营、运输、储存、使用、废弃处置进行全过程、全链条的信息化管理，实现危险化学品来源可循、去向可溯、状态可控，实现企业、监管部门、公安消防部队及专业应急救援队伍之间的信息共享。升级改造面向全国的化学品安全公共咨询服务电话，为社会公众、各单位和各级政府提供化学品安全咨询以及应急处置技术支持服务。

七是科学规划合理布局，严格安全准入条件。根据《中华人民共和国城乡规划法》的规定，建立城乡总体规划、控制性详细规划编制的安全评价制度，提高城市本质安全水平；进一步细化编制、调整总体规划、控制性详细规划的规范和要求，切实提高总体规划、控制性详细规划的稳定性、科学性和执行刚性。建立完善高危行业建设项目安全与环境风险评估制度，推行环境影响评价、安全生产评价、职业卫生评价与消防安全评价联合评审制度，提高产业规划与城市安全的协调性。对涉及危险化学品的建设项目实施住建、规划、发改、国土、工信、公安消防、环保、卫生、安监等部门联合审批制度，严把安全许可审批关，严格落实规划区域功能。科学规划危险化学品区域，严格控制与人口密集区、公共建筑物、交通干线和饮用水水源地等环境敏感点之间的距离。

八是加强生产安全事故应急处置能力建设。合理布局、大力加强生产安全事故应急救援力量建设，推动高危行业企业建立专兼职应急救援队伍，整合共享全国应急救援资源，提高应急协调指挥的信息化水平。储有危险化学品集中区的地方政府，可依托当地公安消防部队组建专业队伍，加强特殊装备器材的研发与配备，强化应急处置技战术训练演练，满足复杂危险化学品事故应急处置需要。各级政府要切实吸取天津港"8·12"危险品仓库爆炸事故的教训，对应急处置危险化学品事故的预案开展定期检查梳理，该修订的修订，该细化的细化，该补充的补充，进一步明确处置、指挥的程序、战术以及舆论引导、善后维稳等工作要求，切实提高应急处置能力，最大限度地减少或避免应急处置中的人员伤亡。采取多种形式和渠道，向公众大力普及危险化学品应急处置知识和技能，提高自救互救能力。

九是严格安全评价、环境影响评价等中介机构的监管。相关行业部门要加强相关中介机构的资质审查审批、日常监管，提高准入门槛，严格规范其从事安全评价、环境影响评价、工程设计、施工管理、工程质量监理等行为。

切断中介服务利益关联，杜绝"红顶中介"现象，审批部门所属事业单位、主管的社会组织及其所办的企业，不得开展与本部门行政审批相关的中介服务。相关部门每年要对相关中介机构开展专项检查，发现问题严肃处理。建立"黑名单"制度和举报制度，完善中介机构信用体系和考核评价机制。

十是集中开展危险化学品安全专项整治行动。在全国范围内对涉及危险化学品生产、储存、经营、使用等的单位、场所普遍开展彻底的摸底排查，切实掌握危险化学品经营单位重大危险源和安全隐患情况，对发现掌握的重大危险源和安全隐患情况的单位及场所，分地区逐一登记并明确整治的责任单位和时限；对严重威胁人民群众生命安全的问题，采取改造、搬迁、停产、停用等措施坚决整改；对于违反规定未批先建、批小建大、擅自扩大经营许可范围等违法行为，坚决依法纠正，从严从重查处。

9.6　案例 6　江苏响水天嘉宜化工有限公司"3·21"特别重大爆炸事故

2019 年 3 月 21 日 14 时 48 分许，位于江苏省盐城市响水县生态化工园区的天嘉宜化工有限公司（以下简称"天嘉宜公司"）发生特别重大爆炸事故，造成 78 人死亡、76 人重伤、640 人住院治疗。事件发生后，党中央、国务院高度重视，受党中央、国务院委派，国务委员王勇率领由应急管理部、工业和信息化部、公安部、生态环境部、卫生健康委、全国总工会和中央宣传部等有关部门负责同志组成的工作组赶赴现场，指导抢险救援、伤员救治、事故调查和善后处置等工作。经过共同努力，至 3 月 22 日 5 时许，天嘉宜公司的储罐和其他企业等 8 处明火被全部扑灭，未发生次生事故；至 3 月 24 日 24 时，失联人员全部找到，救出 86 人，搜寻到遇难者 78 人；至 4 月 15 日，危重伤员、重症伤员经救治全部脱险，生态环境部门对爆炸核心区水体、土壤、大气环境密切监测，实施堵、控、引等措施，未发生次生污染；至 8 月 25 日，除残留在装置内的物料外，生态化工园区内的危险物料全部转运完毕。

9.6.1　案例情况

2019 年 3 月 21 日 14 时 48 分许,位于江苏省盐城市响水县生态化工园区的天嘉宜公司发生特别重大爆炸事故,造成 78 人死亡、76 人重伤、640 人住院治疗,并造成水、大气及土壤环境的污染。具体情况如下:①事故受污染水体主要集中在爆炸点周边 4 km 范围内,三排河受污染水体约 1.3 万 m^3,苯胺类浓度超标 641 倍,氨氮浓度超标 103 倍,化学需氧量浓度超标 14 倍;新丰河受污染水体约 5 万 m^3,苯胺类浓度超标 103 倍,氨氮浓度超标 84 倍,化学需氧量浓度超标 8.3 倍;新农河受到轻微污染;地下水未受影响。②事故发生初期,爆炸区域下风向大气环境中二氧化硫和氮氧化物浓度超标。3 月 21 日 20 时 45 分,爆炸点下风向 4.3 km 处二氧化硫、氮氧化物浓度分别超标 0.2 倍和 5 倍,根据初步模型模拟,影响范围小于 10 km;甲苯、二甲苯浓度轻微超标,影响范围小于 1 km。③本次事故对土壤环境的影响主要集中在爆炸中心 300 m 范围内,主要超标因子为半挥发性有机物。

9.6.2　应急处置

爆炸发生后,江苏省生态环境厅立即启动环境应急响应,第一时间向生态环境部和省政府上报了突发环境事件信息;第一时间组织省、市、县三级生态环境部门约 130 人赶赴现场开展核查;第一时间开展现场环境应急监测,准确掌握污染物扩散和环境质量变化情况;第一时间通过江苏生态环境微博、微信向公众告知现场环境监测数据;省生态环境厅主要负责同志第一时间带队赶赴现场,在省领导的指挥下,全力协助地方政府开展环境应急处置工作,采取有效处置措施,减少污染损失和生态环境破坏程度。

(1)开展应急监测

爆炸发生时,监测站的工作人员正在园区内进行常规的采样监测工作。接到报告后,响水县环境监测站立即派员对现场工作人员进行增援并立即开展应急监测工作。当日 16 时 50 分左右,响水县环境监测站上报第一份监测数据以及现场基本情况。第一手的监测数据为事故的科学处置赢得了时间。

生态环境部门按照指挥部指令，开展环境监测工作：一是将二氧化硫、氮氧化物、挥发性有机物作为主要监测因子，在事故点下风向实施多点监测；二是将化学需氧量、氨氮、苯胺类、挥发性有机物作为主要监测因子，在相关闸坝口、入海口、排污口等处开展水质监测；三是对事故核心区域土壤进行专项采样监测。指挥部和生态环境部门根据相关规定，面向公众发布以上监测数据。截至 3 月 30 日，共 260 多名环境监测人员参与此次应急监测任务，出动 30 余辆监测车、100 多台监测仪器，出具 13 100 余个监测数据，编制发布各类监测报告 50 余份。

（2）严防污水外排外溢

生态环境部组织制定受污染水体应急处置方案，提出"不让一滴园区内的废水直排外环境"的总要求。专家根据监测结果，将现场废水按污染程度分为爆炸大坑废水、微污染河水、重污染河水和高污染厂区废水四类，分别制定应急处置方案。根据专家组意见，指挥部分阶段实施污染物处置方案：一是防止污染水体外排，3 月 22 日前，主要通过筑坝拦截的方式对新丰河闸、新农河闸、新民河闸等点位进行封堵；二是对轻污染水体通过活性炭坝进行处理；三是对重污染水体采用集中收集、集中处置的方法，共转移约 6 万 m³ 重污染水至裕廊化工、之江化工污水池，由园区污水处理厂集中处理；四是对爆炸坑底采用石灰中和固化方式，与可能受污染的土壤一并取出，按危险废物进行无害化处理；五是对各厂区化工物质分门别类制定处置措施，进行有序转移。

3 月 26 日上午，新民河开始向外排水。监测结果显示，水质基本稳定在地表水Ⅳ类标准限值以内。3 月 27 日，生态环境部工作组组长召开会议，提出"一抽、二加、三撒"的工作要求：一是对爆炸大坑废水进行继续抽送转移；二是对大坑废水、裕廊石化中转池水继续投放碱液中和处理；三是对厂区地面酸液继续通过投撒熟石灰进行中和吸收。3 月 27 日，专家团队改造、优化了陈家港水处理有限公司的工艺流程，解决了污水处理厂生物处理前有毒物质脱除能力不足和生物处理单元工艺参数不满足高浓度氨氮处理要求的问题，为新丰河污水处理提供了可行的技术方案。生态环境部应急办工作人员介绍，现场的应急处置工作取得了阶段性进展，针对爆炸坑底部残余的少量废水，将根据专家建议，采取撒放熟石灰的方式中和固化后进行安全处置，并在后期对此区域开展修复工作。

（3）及时回应社会关切

指挥部关于舆情引导的措施可以概括为三个结合：一是主线与辅线结合，积极配合"3·21"响水天嘉宜公司爆炸事故现场指挥部做好新闻发布工作，通过江苏生态环境"两微一端"及时发布生态环境应急响应进展情况，江苏省生态环境厅于3月21日通过微博发布了快报，并连续发布微博公布爆炸后的环境应急监测结果，于3月30日晚通过官方微信发布了周边区域的环境质量情况；二是速度与梯度相结合，3月21日—3月22日，主要报道事故发生情况及各部门处置情况，3月22日后，指挥部召开系列新闻发布会，全面回应、系统发布事故情况；三是黏度与力度相结合，相关媒体重点采访报道了发生在救援现场与医院的细节，通过具体的人与事，宣传正能量，发挥正面效应，人民网"求真"栏目辟谣，力度空前。处置过程中，本着"有事报事，无事报平安"的原则，做好环境质量、应急处置进展等内容的发布，及时回应公众关切，未发生较大的网络舆情事件。

9.6.3　经验启示

本次事故发生的直接原因是天嘉宜公司旧固体废物仓库内长期违法贮存的硝化废料持续积热升温导致自燃，燃烧引发硝化废料爆炸。本次事件暴露出许多问题：企业主体责任不落实、违法违规问题突出；当地生态环境部门监管不到位，化工行业风险防控与应急处置能力、环境监测与预警能力不足等。对此类事故，相关政府部门和企业需要吸取事故教训，加强应急处置能力和化工行业企业的环境风险管理，防止此类事故再次发生。

强化企业主体责任。天嘉宜公司自2011年投产以来，对固体废物基本都以偷埋、焚烧、隐瞒堆积等违法方式自行处理，仅于2018年年底请固体废物处置公司处置了两批480 t硝化废料和污泥，且假冒"萃取物"在当地环保部门登记备案，企业主体责任不落实，违法违规问题突出。各类企业都要深入反思响水天嘉宜公司"3·21"特别重大爆炸事故暴露出的问题，举一反三，查漏补缺，认真整改，全面加强危险化学品安全监管工作，要认真梳理专家组提出的隐患问题和建议，积极开展隐患整改，不断完善健全安全生产责任制和安全管理体系，提升危险化学品安全生产水平，加强风险辨识，严格落实隐患排查治理制度和安全环保"三同时"制度，强化企业主体责任。

落实生态环境部门监管职责，强化危险废物监管。响水县生态环境部门曾对天嘉宜公司固体废物违法处置行为作出 8 次行政处罚，未认真履行危险废物监管职责、执法检查不认真不严格、对环评机构弄虚作假行为失察、复产验收把关不严、非法违法行为打击力度不大、监管执法宽松，造成守法成本高、违法成本低的现象。生态环境部门要依法加强对废弃危险化学品等危险废物的收集、贮存、处置等的监督管理，落实地方生态环境部门监管职责，联合其他部门全面开展危险废物排查制度，重点整治化工园区、化工企业、危险化学品等单位可能存在的违法堆存、私自填埋等问题。加强有关部门联动，形成覆盖危险废物产生、贮存、转移、处置全过程的监管体系，强化措施落实。

全面提升化工行业风险防范化解能力与应急处置能力。防范化解重大风险若不深入、不具体，抓落实会有较大差距。江苏作为化工大省，应对防范化解化工安全风险更加重视，但在开展危险化学品综合治理和专项整治行动中，缺乏具体标准和政策措施。防范化解重大风险重在落实，各地区都要深入查找本行政区域重大风险，坚持问题导向、做到精准治理。响水县化工园区的风险聚集与应急处置能力建设严重不匹配，园区管委会内部管理混乱，内设机构职责不清，监管措施不落实，对天嘉宜公司长期存在的违法贮存、偷埋硝化废料等"眼皮底下"的重大风险隐患视而不见，未有效督促所属相关职能部门加强日常监管，没有建设配套的危险废物应急处置设施，危险废物应急处置能力不足等突出问题长期没有得到解决。从事后应对来看，应急指挥中心、应急信息系统没有发挥作用，园区的消防队伍也因为专用设施设备配置不足，使得初期响应无法有效开展，严重影响应急处置效率。全面提升化工行业风险防范化解能力与应急处置能力，梳理政府相关部门的监管职能，提升监管能力，在明确"一事一部门"的前提下，强化联防联控，切实降低事故发生概率。

全面提升突发环境事件应急监测与预警能力。"3·21"事故由硝化废料引发，虽然省、市、县各级政府已在有关部门安全生产职责中明确了危险废物监督管理职责，但当地应急管理、生态环境等部门仍各行其事，没有主动向前延伸一步，不积极主动、不认真负责，存在监管漏洞。企业存放硝化废料的仓库无管理人员、无大门、无照明、无监控，硝化废料堆垛内无温度报警，存在较大的风险隐患。全面提升突发环境事件监测与预警能力，要全面排查危险化学品储罐区和仓库等重大危险源，重点监管重大风险点，针对重大危险源、重要风险点实施动态监测、多手段监测、多点监测，建立监测预警信息的联动。同时实现监测预警信息多部门联动，充分发挥应急部门综合信息系统的作用，为环境应急处置态势研判提供及时、有效的依据。

参考文献

陈皓，2012. 环境突发事件应急管理法律机制研究［D］. 上海：华东政法大学.

陈若愚，赖发英，周越，2012. 环境污染对生物的影响及其保护对策［J］. 生物灾害科学，35（2）：226-229.

陈志莉，等，2017. 突发性环境污染事故应急技术与管理［M］. 北京：化学工业出版社.

杜婷婷，2011. 突发性环境污染事件应急管理体系研究［D］. 南京：南京大学.

杜兆林，2012. 铜离子污染应急处置材料的筛选改性及装置研究［D］. 哈尔滨：哈尔滨工业大学.

葛晓春，戴立文，2006. 危机管理理论述论［J］. 商丘师范学院学报，（4）：124-126.

何达，马琳，2018. 突发环境污染事件应急管理中"一案三制"介绍［J］. 环境与发展，30（3）：34-35，66.

贺静，李浩，叶建宏，等，2013. 源水区域突发性柴油污染事故的应急处理［J］. 中国给水排水，28（11）：41-43.

蓝伟，2007. 我国突发环境事件应急法律制度研究［D］. 北京：中央民族大学.

李昌林，胡炳清，2020. 我国突发环境事件应急体系及完善建议［J］. 环境保护，48（24）：34-39.

李程伟，张德耀，2005. 大城市突发事件管理：对京沪穗邕应急模式的分析［J］. 国家行政学院学报，（3）：48-51.

李盛，2013. 我国突发环境事件应急法律机制研究［D］. 哈尔滨：东北林业大学.

李青云，赵良元，林莉，等，2014. 突发性水污染事故应急处理技术研究进展［J］. 长江科学院院报，31（4）：6-11.

李照，许玉玉，张世凯，等，2020. 海洋溢油污染及修复技术研究进展［J］. 山东建筑大学学报，35（6）：69-75.

李作扬，2016. 石油降解细菌的分离、筛选、鉴定及其对多环芳烃降解性能研究［D］. 大连：大连海洋大学.

李旭，吕佳佩，裴莹莹，等，2021. 国内突发环境事件特征分析［J］. 环境工程技术学报，11（2）：401-408.

刘静，杨超，2014. 突发环境事件应急联动机制建设初探［J］.中国科技博览，（23）：350.

刘铁民，2004. 应急体系建设和应急预案编制［M］.北京：企业管理出版社.

刘婷，2013. 我国突发环境事故的应急管理体制与机制研究［D］.武汉：湖北大学.

刘一帆，2017. 环境应急全过程管理机制探讨［J］.绿色科技，（14）：143-145.

刘明华，2010. 水处理化学品［M］.北京：化学工业出版社.

刘传松，2011. 活性氧化铝吸附法在河道砷污染应急处置中的应用［J］.环境监控与预警，3（2）：13-15，24.

骆素娜，2011. 我国突发环境事件应急机制的不足与完善［D］.郑州：郑州大学.

莫家乐，叶脉，解光武，等，2020. 突发环境事件应急演练场景设计探索［J］.四川环境，39（4）：161-166.

邵超峰，鞠美庭，2011. 环境风险全过程管理机制研究［J］.环境污染与防治，33（10）：97-100.

苏航，2014. 化工企业环境风险评价与突发环境事件应急预案研究［D］.杭州：浙江大学.

唐雪惠，谢海英，张威，等，2012. 粉末活性炭去除水源水中突发农药污染物［J］.给水排水，38（S1）：55-58.

万鹏飞，于秀明，2006. 北京市应急管理体制的现状与对策分析［J］.公共管理评论，（1）：41-65.

王军，2009. 突发事件应急管理读本［M］.北京：中共中央党校出版社.

王鲲鹏，曹国志，贾倩，等，2015. 我国政府突发环境事件应急预案管理现状及问题［J］.环境保护科学，41（4）：6-9.

王利娟，2017. 我国突发环境事件应急制度的完善［D］.哈尔滨：东北林业大学.

王瑶，2008. 我国突发事件应急管理体制研究［D］.长春：东北师范大学.

王文华，邱金泉，寇希元，等，2013. 吸油材料在海洋溢油处理中的应用研究进展［J］.化工新型材料，41（7）：151-154.

吴寅飞，2010. 浅析应急管理体制困境及其解决方案［D］.上海：上海交通大学.

魏琳，2011. 工业难降解有机污染物的电化学氧化处理方法研究［D］.武汉：武汉大学.

夏文香，林海涛，李金成，等，2004.分散剂在溢油污染控制中的应用［J］.环境
　　污染治理技术与设备，5（7）：39-43.

谢伟，2011.突发环境事件应急管理法律机制研究［D］.上海：复旦大学.

许广华，2012.环境应急监测技术与实用［M］.北京：中国环境科学出版社：60-69.

许瓒，2014.突发环境事件应急处置中的信息公开问题研究［J］.经济研究导刊，
　　（5）：225-226.

徐冉，王梓，陈诗泓，2009.无锡太湖水源地藻类爆发应急管理与处置体系研究
　　［J］.中国环境管理干部学院学报，19（2）：85-88.

徐毅洁，2010.环境污染突发事件应急机制研究［D］.上海：上海交通大学.

薛澜，钟开斌，2005.国家应急管理体制建设：挑战与重构［J］.改革，（3）：
　　5-16.

杨静，陈建明，赵红，2005.应急管理中的突发事件分类分级研究［J］.管理评
　　论，（4）：8-64，37-41.

杨岚，陈明，2011.创新完善信息报告机制　提升突发环境事件应对效能［J］.环
　　境保护，（22）：29-30.

杨晓晓，2020.突发性水污染事件应急管理研究［D］.北京：中国地质大学.

杨永俊，2009.突发事件应急响应流程构建及预案评价［D］.大连：大连理工大学.

叶脉，张佳琳，张志娇，等，2021.广东省环境应急管理体系与能力现代化建设
　　思路与对策研究［J］.环境与可持续发展，44（3）：173-178.

余小凤，2013.海洋溢油应急处置效果评估方法［D］.大连：大连海事大学.

张刚，2012.炼化企业事故应急接警处置探究［J］.中国石油和化工标准与质量，
　　32（1）：244.

张静，2020.地方生态环境部门环境应急管理机制建设研究［D］.呼和浩特：
　　内蒙古大学.

张佳琳，叶脉，张路路，等，2019.新形势下案例省环境信访工作特点及其相关
　　机制探讨［J］.环境与可持续发展，46（5）：147-149.

张佳琳，张志娇，叶脉，等，2021.广东省突发环境事件应急预案体系建设现状
　　分析与对策［J］.环境与可持续发展，46（2）：151-155.

张美莲，佘廉，2017.从标准化走向灵活性：突发事件应急指挥体系的顶层设计与
　　建设思路［J］.广州大学学报（社会科学版），16（6）：17-23.

张新梅，陈国华，张晖，等，2006.我国应急管理体制的问题及其发展对策的研

究［J］.中国安全科学学报，（2）：79-84，146.

张晓健，2006.松花江和北江水污染事件中的城市供水应急处理技术［J］.给水排水，（6）：6-12.

张晓健，陈超，李伟，等，2008.汶川地震灾区城市供水的水质风险和应急处理技术与工艺［J］.给水排水，34（7）：7-13.

郑豫家，2018.我国城市突发事件应急管理的体系研究［D］.西安：西北大学.

郑彤，杜兆林，贺玉强，等，2013.水体重金属污染处理方法现状分析与应急处置策略［J］.中国给水排水，29（6）：18-21.

钟开斌，2009."一案三制"：中国应急管理体系建设的基本框架［J］.南京社会科学，（11）：77-83.

朱文英，曹国志，王鲲鹏，等，2019.我国环境应急管理制度体系发展建议［J］.环境保护科学，45（1）：5-8.

中央政府门户网站，2015.搜救生命、防治污染、安全疏港——中央各部委救援天津港"8·12"事故综述［EB/OL］.https://www.gov.cn/xinwen/2015-08/17/content_2914452.htm.

中央政府门户网站，2016a.天津港"8·12"瑞海公司危险品仓库特别重大火灾爆炸事故调查报告［EB/OL］.http：//www.gov.cn/foot/2016-02/05/content_5039788.htm.

中央政府门户网站，2016b.天津港"8·12"瑞海公司危险品仓库特别重大火灾爆炸事故调查报告公布［EB/OL］.http：//www.gov.cn/xinwen/2016-02/05/content_5039785.htm.

Chen S L, Chang S, Wang X J, et al., 2021. Emergency treatment technology and case study of sudden environmental pollution caused by oil spill in river basin［J］. IOP Conference Series：Earth and Environmental Science，621：012143.

Cheng C Y, Qian X, 2010. Evaluation of emergency planning of water pollution incidents in reservoir based on fuzzy comprehensive assessment［J］. Procedia Environmental Science，2：566-570.

Froese C R, Moreno F, 2011. Structure and components for the emergency response and warning system on Turtle Mountain，Alberta，Canada［J］. Natural Hazards，11（3）：1-24.

Gracia D B, Casaló Arino L V, 2015. Rebuilding public trust in government administrations through e-government actions [J]. Revista Espanola De Investigation En Marketing ESIC, (19): 1-11.

Du S, Ke X, Chu K W, et al., 2017. A bibliometric analysis of emergency management using information systems (2000—2016) [J]. Online Information Review, 41 (4): 454-470.

Jin C H, Xu Y P, 2021. Risk analysis and emergency response to marine oil spill environmental pollution [J]. IOP Conference Series: Earth and Environmental Science, 687: 012070.

Kononov D A, 2019. Environmental emergency management [J]. IFAC Papers Online, 52 (25): 35-39.

Liu X, Ke P Z, Liu Z, et al., 2019. Research on the perfect strategy of emergency management system for sudden environmental events [J]. Environment & Development, 31 (9): 232-233.

Pei Y S, Zhang K J, Liu X G, 2010. Environmental risk management with the aid of city emergency response system in Nanning City [J]. Procedia Environmental Sciences, 2 (6): 2012-2019.

Robert H, 1998. Dealing with the complete crisis—the crisis management shell structure [J]. Safety Science, 30 (1-2): 139-150.

Shi S G, Cao J C, Feng L, et al., 2014. Construction of a technique plan repository and evaluation system based on AHP group decision-making for emergency treatment and disposal in chemical pollution accidents [J]. Journal of Hazardous Materials, 276: 200-206.

Tang C H, Yi Y J, Yang Z F, et al., 2016. Risk analysis of emergent water pollution accidents based on a Bayesian Network [J]. Journal of Environmental Management, 165: 199-205.

Wan L, Wang C Y, Wang S Y, et al., 2021. How can government environmental enforcement and corporate environmental responsibility consensus reduce environmental emergencies? [J]. Environmental Geochemistry and Health, 1-14.

Wang D L, Wan K D, Ma W X, 2020. Emergency decision-making model of environmental emergencies based on case-based reasoning method [J]. Journal of Environmental Management, 262: 110382.